시화호 조력발전소
탄생 배경과 의미

시화호 조력발전소
탄생 배경과 의미

2판 1쇄 인쇄 2012년 03월 14일
2판 1쇄 발행 2012년 03월 20일

지은이 | 송우복
펴낸이 | 손형국
펴낸곳 | (주)에세이퍼블리싱
출판등록 | 2004. 12. 1(제2011-77호.)
주소 | 서울시 금천구 가산동 371-28 우림라이온스밸리 C동 101호
홈페이지 | www.book.co.kr
전화번호 | (02)2026-5777
팩스 | (02)2026-5747

ISBN 978-89-6023-615-8 03500

세계 최대 규모
시화호 조력발전소

탄생 배경과 의미

송우복 지음

우리나라에도 조력발전(潮力發電)의 시대가 열렸다.

2011년 5월 국내에서는 최초로 서해바다의 밀물과 썰물의 힘만으로 전력(電力)이 생산되기 시작하였다. 2001년 5월 K-water(한국수자원공사)는 시화호(始華湖)에 조력발전소를 건설하기로 의사 결정을 하였고, 그리고 꼬박 10년이란 세월이 소요된 시화호 조력발전소 건설 대역사(大役事)가 끝났다. 이날 생산된 청정에너지(전기)는 지난 10년간 땀 흘린 노력의 첫 수확물이었다.

이 책은 국내 최초이며, 세계 최대 규모인 시화호 조력발전소의 건설과정을 갈무리한 내용이다. 이 세상 모든 일이 사람들의 생각대로 순조롭게 이루어지는 일이 어디 있으랴 마는, 시화호 조력발전소의 건설과정도 처음부터 끝까지 순탄하지 않았다. 일반적으로 발전소(發電所)의 건설 목적은 전력을 생산하는 것이다.

하지만 시화호 조력발전소의 건설 목적은 전기만 생산하려는 것이 아니고, 수질오염이 심했던 시화호의 수질을 개선하려는 것이었다. 청정한 해양에너지(전기)를 생산하려는 목적은 부수적인 것이었다. 이렇게 시화호 조력발전소의 건설 동기도 특이하였지만, 국내에서는 처음 시도한 조력발전소 건설공사이었기에, 시공과정에서 어려운 점들도 많았다.

이 책은 이런 건설 과정에서 특이하였던 점들을 정리하였고, 조력발전의 원리와 역사, 그리고 국내외 조력발전의 현황과 사례, 조력발전 사업과 연관되는 내용들을 종합하여 수록하였다.

정부는 1980년대 경기도 안산과 시흥지역에 주거용지와 공업단지를 함께 조성하여, 서울 인구를 효과적으로 분산할 수 있는 신도시를 건설하였다. 시화호는 이 신도시 건설을 위해 시화방조제를 축조하면서 만들어진 인공호수로 1994년 1월에 탄생하였다.

그런데 시화방조제 공사가 끝나면서 시화호는 서해바다와 분리되었고, 바닷물의 유통이 차단되면서 시화호 수질이 서서히 나빠지기 시작하였다. 게다가 원래 계획했던 것보다 더 많은 서울 인구의 유입과 공장들의 입주가 시작되면서 생활하수와 공장오수가 완전히 처리되지 못하고 시화호로 유입되었다. 또 다른 여러 가지의 요인들이 겹치면서 시화호의 수질은 급속히 나빠졌고, 시화호의 수질이 사회 문제화 되었다.

정부는 시화호의 항구적인 수질 개선을 위한 장단기 계획들을 분야별로 수립하였고, 먼 장래까지 내다본 근본적인 수질 개선 대책을 세웠다. 그중에 하나가 시화호(수)의 물을 원래 계획하였던 민물 담수호에서 바닷물 해수호(海水湖)로 바꾸기로 한 것이다. 따라서 시화방조제에 새로운 대형 배수수문을 추가로 설치하고 바닷물을 다시 시화호로 유통시키면서 시화호의 수질을 개선하기로 하였다. 이러한 여건 변화 속에서 K-water(한국수자원공사)는 시화방조제에 새로운 배수수문의 설치공사와 병행하여 조력발전소도 같이 건설하기로 회사 내부 방침을 결정하였던 것이다.

이 책은 그 당시 이러한 정부 정책의 변화 속에서 몇 사람의 기술자들과 함께 조력발전소 건설을 처음 제안(提案)하였고, 시화호 조력발전소 건설과정을 시작부터 끝까지 지켜보았던 필자의 주관적인 시각으로 정리한 내용이다. 지난 10년간 시화호 조력발전소 건설 현장에서는 어떠한 일들이 전개되었으며, '조력발전소란 이런 것이구나.' 하고 가벼운 마음으로 읽어 주길 바란다.

우리나라 서해안은 무한한 청정 해양(海洋)에너지의 보고(寶庫)이다. 밀물과 썰물 때 해수면의 차이인 조수간만의 차가 커서 오래전부터 세계적인 조력발전소의 건설 적지로 알려져 있었다. 하지만 우리나라 서해안의 조력발전 사업은 그동안 경제성이 미흡하였기에 개발이 계속 미루어지고 있었다. 최근에서야 시화호 조력발전소가 시화호의 수질개선과 청정에너지의 개발이란 일석이조(一石二鳥)의 목적으로 건설하게 된 것이다.

요즈음 우리는 저탄소 녹색성장시대를 자주 이야기한다. 지구 온난화와 석유에너지 고갈의 위기 등으로 저탄소 녹색기술과 청정에너지의 개발이 그 어느 때보다 강조되고 있으며, 녹색성장이 국가발전의 새로운 패러다임으로 대두되고 있다. 그렇다면 이에 부합하는 녹색성장, 신재생 청정에너지 개발을 우리나라에서는 어떻게 전개하여야 할까?

우리나라에서는 당연히 서해안의 무한한 청정 해양에너지의 활용에 먼저 관심을 기울어야 한다. 전 세계 230여 개국의 나라 중 조력발전을 할 수 있는 나라는 불과 10개국 정도뿐이고, 대한민국이 다행히 그 속에 포함되어 있다. 우리나라에서도 서해안에서만 조력발전이 가능하다. 우리와 가까운 일본은 조력발전을 개발하고 싶어도 할 수가 없다. 일본의 그 많은 바닷가 어느 곳에도 조력발전을 할 수 있을 정도의 큰 조차(潮差)가 발생되는 지점을 찾아 볼 수 없기 때문이다.

이런 면에서 볼 때 우리나라의 서해안은 천혜(天惠)의 무궁한 청정에너지를 무상으로 받은 곳이다. 이 천혜의 자원을 이용한 시화호 조력발전소의 건설은 시기적으로 세계 최대 규모의 신재생 청정에너지의 발산지(發散地)를 적당한 시기에 개발하였다는데 의미가 있다.

하지만, 무공해 청정에너지를 얻기 위한 조력발전소의 건설은 작금(昨今)의 현실적인 요구인 반면에, 서해안의 간석지 보존은 미래 지향적인 이상을 추구하는 문제로서의 양면성(兩面性)을 가질 수밖에 없다. 앞으로 이 부분의 해결을 위해 전문가들의 관심과 연구가 필요한 시기가 아닌가 생각한다.

　끝으로 이 책이 만들어지기까지 한결 같은 마음으로 지원해준 김만기 시화호 조력발전소 건설단장, 차홍윤 공사팀장, 그리고 좋은 자료를 제공하고 많은 지원을 아끼지 않았던 손중원, 김기철 차장 외 시화호 조력건설단 직원들에게 고마운 마음을 전한다. 더불어 지난 10년간 시화호 조력발전 건설 사업에 참여하였던 K-water 임직원들과 대우건설(컨소시움)의 수많은 건설 참여자 모든 분들에게 진솔한 감사의 뜻을 전한다.

2012년 3월

시화호 조력발전소를 사랑하는 사람
송 우 복

녹색 성장, 청정 해양에너지 시대가 열리다.

- 염 기대 (한국해양연구원 명예연구위원, 前 원장)

25만4천kW급 세계 최대 규모의 시화호 조력발전소가 2011년 말 완공을 앞두고 있다. 과거 시화호 수질의 오염문제가 심각해지며 환경파괴의 전형으로 낙인 찍혔던 시화호가 이제 수질개선과 청정에너지 생산이라는 두 마리 토끼를 잡는 녹색성장의 심볼로 거듭나고 있다. 시화호 조력발전소 설치를 처음 제안하였고 초기 기술검토를 주도했던 입장에서, 이사업을 완공까지 성공적으로 이끌어온 저자를 포함한 K-water(한국수자원공사) 관계자 여러분께 축하를 드린다.

시화호 조력발전소 건설과 관련하여서는 K-water(한국수자원공사)의 위탁으로 우리 연구원에서 두 차례 세부적인 검토를 수행했다. 1996년 11월에 실시한 첫 번째 검토는 시화호의 수질 악화에 따라 수질개선 대책의 일환으로 조력발전의 기술적 타당성 및 사업의 경제성을 검토하였다. 그 결과 창조식 조력발전소의 설치가 가능하고 수질개선 효과도 기대되었지만 발전 단일경제성은 충분하지 못한 것으로 나타났었다. 2002년 3월에 실시한 두 번째 용역에서는 기본설계 수준의 정밀검토로 다양한 현장관측과 수치실험을 통해 정량적인 수질개선 효과 등 시화호의 다목적 활용방안이 검토되었고 사업의 타당성이 입증되었다.

이 책의 저자를 처음 만난 시기는 지금부터 10년 전인 2001년 5월쯤이다. 저자는 그 당시 생소할 수밖에 없는 조력발전분야에 대해 적극적인 관심과 이해를 보였고, 또 그동안 K-water 수력발전분야에서 축적된 저자의 기술적인 Knowhow가 바탕이 되어 조력발전소 건설과 관련된 문제점들의 실마리를 하나씩 해결하였고, 시화호 조력발전소 건설사업의 성공적인 추진에 크게 기여하였다.

이 책은 시화호 조력발전소가 건설되기까지 시화호를 둘러싼 일련의 과정부터, 국내 최초의 조력발전소 건설과정 전반에 대해 저자의 객관적인 시각으로 갈무리한 내용이 기록되어 있다. 바다를 보다 깊이 이해하고 우리나라 서해안의 무한한 잠재력에 관심이 있는 젊은이들에게 또 다른 호기심을 가져다 줄 책이다.

K-water, 녹색성장 청정에너지 사업을 선도하다.

- 김 진수 (K-water 시화지역 본부장)

국제사회의 온실가스 배출에 대한 강한 규제와 부존자원의 제한으로 인해 세계 각국에서는 화석에너지를 대체하는 안정적인 신재생에너지를 확보하는 기술개발에 많은 투자를 하고 있다. 이러한 상황에 비추어 볼 때 무한 재생 가능한 조력발전이야말로 새로운 대체에너지원으로 미래성장 동력의 핵심기술이 될 것이며 또한 기후변화협약에 의거 국가적, 정책적으로 반드시 고려해야 할 핵심 사업임에 틀림없다.

이런 관점에서 K-water(한국수자원공사)가 경기도 안산시 시화방조제에 건설한 세계 최대, 국내 최초의 시화호조력발전소는 많은 사람의 이목과 관심이 집중되어 왔다. 계획단계부터 10년이라는 기나긴 기간을 거쳐 2011년 하반기에 모든 공사와 시운전을 마치고 본격적으로 전기를 생산하게 되는 시화호 조력발전소는 서해바다의 밀물과 썰물의 힘만을 이용하여 전력(연간 약 5억 kWh)을 만들어내게 되는 것도 괄목할만하지만 이산화탄소의 배출이 없는 청정에너지로 무궁무진한 해양자원을 이용한 안정적인 에너지원이라는 점에서 그 의미는 더욱 크다 하겠다.

시화호조력발전소는 안정적인 청정에너지 공급과 시화호의 수질을 맑게 해주는 효과 외에도 이 지역의 새로운 볼거리로 등장하였으며 연간 100만 명 이상의 관광객이 다녀갈 것으로 예상되고 있어 지역발전도 촉진시키는 일석삼조의 효과를 거둘 것으로 기대하고 있다.

이를 위해 K-water는 시화호조력발전소에게 새로운 브랜드(Brand)와 로고(Logo)그리고 마스코트(Mascot)를 만들어 주었다. 조력발전소가 산업시설물이라는 묵직한 이미지에서 탈피하여 보다 쉽고 친근하게 일반인에게 다가갈 수 있도록 함으로서 산업, 환경, 관광이 어우러진 새로운 브랜드 가치를 창출하고자 하며, K-water 녹색성장 동력사업의 홍보 아이콘으로 활용하기 위해서이다.

이러한 시기에 시의 적절하게 출간된 이 책은 시화호조력발전소의 탄생배경부터 원리, 건설과정들이 알기 쉽게 기술되어 있어 K-water와 조력발전소에 대한 일반인의 이해를 높이는 데 크게 기여할 것이라 믿으며, 이 책의 저자인 송우복님께 감사의 마음을 전한다. K-water가 자부심과 긍지를 가지고 건설한 시화호조력발전소가 국가와 지역을 위해 크게 공헌하는 모습을 지켜봐 주시기를 바라며 시화호조력발전소 건설과정에 참여한 관계자 여러분 모두에게 경의를 표한다.

차례

제1장 | 시화호 조력발전소의 탄생

제2장 | 조력발전의 이해

시화호 조력발전소의 탄생

조력발전의 시대가 열리다

▲ 조력발전소 건설공사를 끝내고 충수를 시작하는 장면

우리나라 최초의 조력발전소가 그것도 세계 최대 규모의 조력발전소로 건설되었다.

지난 2004년 12월, K-water(한국수자원공사)가 시화호 조력발전소 건설 사업을 발주하였고, 이것을 대우건설(컨소시엄)이 수주하여 건설하기 시작하였다. 꼬박 6년이 걸린 조력발전소 건설공사를 끝내고 지난 2010년 12월 앞쪽 사진과 같이 성공적으로 충수(充水)를 시작하였다. 충수란 건설공사기간 동안 바닷물 속에서 웅장한 발전소 구조물을 축조하였던 건설현장에 다시 바닷물을 채우는 작업을 말한다. 2011년 4월 충수가 끝났고 바닷물이 시화호로 다시 유통되기 시작하였다. 그리고 조력발전기의 성능시험을 겸하여 발전기를 가동함으로서 전력(電力)을 생산하기 시작하였다.

2011년 4월 13일 15:00 우리나라에서는 최초로 조력발전에 의한 전력이 생산되었다. 비록 조력발전기의 시운전 과정에서 발생한 적은 양의 전력이었지만, 바닷물의 조수간만 차를 이용하여 만든 국내 최초의 조력 전기이었다. 이날은 우리나라에서 조력발전 시대가 개막됨을 알리는 역사적인 날이었다.

시화호 조력발전소는 경기도 안산시 단원구 대부북동 시화방조제에 위치하고 있으며, 우리나라에서 조수간만의 차가 가장 큰 서해안에 건설되었다. 하루에 두 차례 찾아오는 밀물과 썰물의 힘만을 이용하여 연간 5억 5천만kWh의 무공해 청정전력에너지를 생산할 수 있다.

이 정도의 전기량은 인구 50만 명이 거주하는 중소도시에서 1년 간 사용하는 전력량과 같다. 시화호 조력발전소에서 생산하는 연간 전력량을 외국에서 수입하는 원유의 양으로 환산해 보면 원유 86만 2천 배럴 정도에 해당한다. 이를 금액으로는 계산하면 연간 약 1000억 원 이상의 수입 유류 대체효과를 가진다. 고유가 시대인 요즘 대체에너지 개발이 그 어느 때보다 시급한 시기에, 조력발전을 통한 무공해 해양에너지의 개발은 우리나라 에너지 자급도 향상은 물론 지구 온난화의 원인으로 지목되고 있는 이산화탄소(CO_2)발생 량 저감에도 크게 기여하고 있다

그리고 한때 호수의 수질이 악화되었던 시화호의 수질 개선에도 크게 기여할 것이다. 지금으로부터 15년 전인 1990년대 후반, 시화 호의 수질이 점점 나빠지면서 크게 사회 문제화 되었고, 이 문제를 해결하기 위한 방안의 하나로 조력발전소 건설이 검토되었다. 이제 조력발전소가 준공되어 하루에 두 차례 바닷물이 시화호로 유입됨 으로서 시화호의 수질은 바닷물과 같은 수준으로 개선되고 있다.

건설과정 파노라마

이 책의 전체 내용을 쉽게 이해할 수 있도록, 지난 10년간의 건설 과정 사진을 파노라마 형식으로 엮어보았다. 사진으로 조력발전소 건설 과정을 눈으로 확인하고 나면, 시화호 조력발전소의 주요 골격 은 쉽게 이해되리라 생각한다.

▲ 이곳이 세계 최대 규모의 조력발전소가 건설된 지점으로 착공하기 직전의 모습

촬 영: 2001년도

▲ 임시 물막이공사가 진행 중인 조력발전소 건설 현장 초창기 모습

촬 영: 2005년도

▲ 축구장 12개에 해당하는 면적이며, 바다 수면 35m 아래의 건설현장 모습

촬 영: 2006년도

▲ 대형 조력발전기 10대와 배수 수문 8문이 설치될 바닥 기초 조성 모습

촬 영: 2007년도

▲ 암반 기초 굴착으로 발생한 토석을 활용하여 2만평 규모의 체험광장 조성 모습

촬 영: 2009년도

▲ 교통을 영구도로로 우회시키고, 앞 뒤 임시 물막이 철거작업 직전의 모습

촬 영: 2010년도

▲ 임시 물막이 겸 공사용 도로이었던 기존 방조제를 철거하여 공원 조성 모습

촬 영: 2010년도

▲ 임시 물막이가 철거되고 발전기 시운전으로 해수가 유통되고 있는 모습

촬 영: 2011년도

▲ 정상 가동 중인 시화호 조력발전소 전경

촬 영: 2012년도

시화호(Sihwa Lake)의 탄생

시화호 조력발전소를 이해하기 위해서는 먼저 시화호의 탄생 배경과 주변 환경 여건을 먼저 알아야 한다. 시화호는 아래 사진과 같이 경기도 서해안 3개 도시(시흥시, 안산시, 화성시)를 시화방조제로 연결하면서 생겨난 인공호수이다. 시화방조제는 시흥시 오이도를 시작으로 중간에 안산시 대부도를 경유하고 끝으로 화성시 전곡

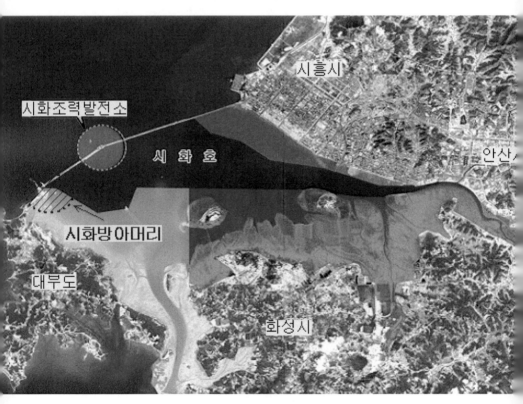

▲ 시화호의 위치 및 주변도시 배경

항을 연결하는 총길이 12.7km의 방조제이다. 시화호의 호수면적은 약 1,330만평(서울 여의도 면적의 7배)에 달하는 조용한 호수로써, 앞으로 이 책의 주된 배경이 된다. 시화(Sihwa)라는 명칭은 시화방조제의 시작점인 시흥시와 끝 지점인 화성시의 앞 글자를 따서 지어졌다.

그리고 시화호의 탄생 배경은 이러하다. 1976년 7월 21일 박정희 전 대통령은 당시의 건설부 장관을 청와대로 불러 이렇게 명했다. "수도권 내에 100만 평 규모의 공업단지를 갖춘 신도시를 건설할 수 있도록 준비하시오." 참으로 그 당시 서울의 상황을 정확하게 파악하고 있던 대통령의 기민하고 통찰력 있는 판단이라 할 수 있는 일이었다.

서울의 인구가 기하급수적으로 늘어나고 그에 따른 산업기반 시설도 서울로 몰리고 있는 현상에서 수도권에 공단(工團)을 포함한 신도시 건설과 서울 인구의 분산책은 대통령의 빠른 판단과 결심이 요구되는 국책사업이었다.

이렇게 하여 시화방조제가 만들어지게 되었고 대단위 간척지에 공업단지를 갖춘 안산시와 시흥시, 화성시가 수도권의 배후 신도시로 성장하게 되었다. 시화방조제 공사는 1987년 3월 착공하여 1994년 1월 공사가 완료될 때까지 공사기간만 무려 6년 10개월이나 소요되었고, 세계적으로도 조수간만의 차가 심한 곳으로 알려진 우리나라 서해바다를 막는 공사이었으니, 보통 어려운 공사가 아닐 수 없었다. 1994년 1월 24일 시화방조제가 연결되는 순간, 시화호는 어려운 출산의 고통이 끝나면서 이 나라의 시대적 배경과 기대감 속에서 건강하게 탄생하였다.

:: 시화호의 수질악화

그 당시 우리나라의 시대적 요청으로 탄생하였던 시화호는 시화방조제 물막이 공사가 끝나면서 서해바다와 분리되었고 바닷물의 유통이 차단되었다. 시화호(수)의 물은 정체되어 자정 능력이 점차 감소되어 갔다. 또한 신도시 인근의 주거지역과 공업단지 입주업체

▲ 시화방조제의 기존 배수수문을 통한 해수 유입 전경

등에서 배출되는 오염 발생원이 설계 당시에 예측했던 량(量)보다 훨씬 많이 늘어났었다. 이 때문에 시화호 유역 내 하수종말처리장 등 환경기초시설이 턱없이 부족하게 되었고, 처리되지 못한 오염물질이 시화호로 직접 유입되면서 시화호의 수질은 서서히 나빠지기 시작하였다.

이러한 시화호 수질의 악화는 심각한 환경문제를 야기하여 사회적인 관심사로 대두되었고, 정부와 관련단체에서는 시화호 수질개선을 위한 장단기 대책을 서두르게 되었다.

단기 대책으로는 주거지역에서 나오는 생활하수와 공업단지의 배출수를 분리하여 하수종말처리장으로 유도하여 처리하였고, 시화호(수)로 들어오는 강어귀에 인공 갈대습지군락을 만드는 등 다양한 노력을 경주했지만 시화호의 수질은 크게 개선되지 않았다.

또한, 시화호 수질개선을 위한 여러 가지 장단기 대책을 수립하여 시행한다고 할지라도 과연 시화호를 민물 담수화하여 수자원을 원래 계획대로 언제까지 이용할 수 있겠느냐 하는 문제는 계속 논란의 대상으로 남아 있었다. 결국 2000년 12월 30일 정부는 공식적으로 시화호의 담수화 계획을 포기하였고, 바닷물을 시화호 내로 다시 유출입 시키면서 시화호의 수질을 개선해 나가기로 정부정책을 변경하였다.

이에 따라 바닷물을 다시 시화호로 유통시키기 위하여 시화방조제의 중간 지점에 새로운 대형 배수수문을 만들어야 했다. 이 새로운 배수수문을 건설하는데 소요되는 기간(약 5년간) 동안에는 기존의 시화방조제 배수수문을 이용하여 바닷물을 시화호로 유통시키기로 하였다. 1994년 시화방조제 건설당시 만들어진 기존의 배수수문은 시화호의 물을 바다로 내보내는 역할을 하는 단방향 수문이었다. 이 수문을 양방향 수문으로 개량하여, 바닷물을 유입하기도 하고 유출하기도 하면서 시화호의 수질을 지금까지 관리해 왔다.

시화호의 어제와 오늘

::시화호의 어제

이곳 시화호 주변 해역은 간석지(干潟地)가 잘 발달되어 있어 옛날부터 많은 동식물들이 번성하였던 흔적들을 볼 수 있다. 시화호(수)의 상류 지역인 경기도 화성시 송산면 고정리 일대에서 1999년에 발견된 공룡 알 화석산지가 이를 증명하고 있다. 약 1억 년 전인 중생대 백악기 공룡들의 집단 서식지로 추정되며 지금까지 공룡알 화석뿐만 아니라 식물화석도 많이 발견되었다.

근대에 들어와서는 이곳 바닷가에 작은 방조제를 막아 간척지(干拓地)를 개발하여 염전으로 이용하기도 하였다. 1930년대는 이곳의 조석(潮汐)현상을 체계적으로 조사하였던 조선총독부의 조사 자료가 있으며, 1980년대는 서울 인구의 지방분산 정책의 일환으로 이 지역을 개발하기 위한 여러 가지 방안들이 검토되었다. 1987년 3월 이곳에 방조제 건설이 시작되었고, 1994년 지금의 시화방조제(12.7km) 축조공사가 끝나면서 시화호가 만들어졌고 광활한 간척지가 조성되었다.

북측의 간척지는 수도권 인구의 지방분산 정책의 일환으로 주거와 생산, 소비, 문화가 어우러진 수도권 위성 신도시가 만들어졌으며, 남측의 간척지는 농경지로 활용하기 위해 개발되었다.

▲ 예전의 시화호 방조제 전경

:: 시화호의 오늘

　한때는 '수질오염의 대명사'라는 불명예스러운 별칭을 받았던 시화호(수)가 이제는 자연이 살아 숨 쉬는 새로운 창조의 장으로 변해가고 있다. 2000년 12월 정부(환경부)는 시화호를 해수호로 변경한다는 정책을 발표하였고, 곧바로 K-water(한국수자원공사)는 시화호에 조력발전소 건설을 위한 준비를 시작하였다. 관계기관 협의, 상세한 설계, 예산확보 등 준비기간으로 약 4년이 소요되었고, 순수하게 현장 건설공사로 6년이란 긴 시간이 소요되었다. 이를 합치면 시화호 조력발전소 건설 사업에 꼭 10년이란 세월이 필요하였다.

▲ 오늘의 시화 방조제 (조력발전소) 전경

　'10년이면 강산도 변한다'는 속담처럼 기존의 시화방조제의 중간 지점에 새로 건설된 시화호 조력발전소 주변은 지난 10년 전에 비해 많은 변화가 생겼다. 앞 페이지 시화호의 어제 사진과 비교해 보면, 시화방조제 중간에 새로 만들어진 도로가 콘크리트 교량(橋梁) 모양으로 변하였다. 저 다리 모양의 시화호 조력발전소를 건설하기 위해 서해바다를 임시 물막이로 막고 바다 밑으로 35m나 파내려 갔다. 굴착해낸 단단한 바위섬의 바닥에 콘크리트로 기초를 다지고 대형 조력발전소 구조물을 축조하였다.

　시화호 조력발전소의 웅장한 토목 구조물 속에는 대용량 조력발 전기 10대가 설치되었고, 새로운 배수 수문 8문이 만들어졌다. 앞쪽 사진은 지난 6년 건설공사 기간 동안 서해바다의 심한 풍랑을 막아 주었던 임시물막이 내부로 물을 다시 채우고 있는 모습의 전경이다. 충수가 끝나면서 임시물막이가 해체되고, 조력발전기를 통하여 서해의 바닷물과 시화호수의 물은 서로 유통하면서 시화호의 수질은 서서히 서해 바닷물과 같은 수준으로 수질이 개선되어 나갈 것이다.

▲ 미래의 시화호 조력발전소 주변 야경 조감도

또한, 조력발전소를 건설하면서 바위섬 기초 굴착과정에 발생한 암반과 토석(土石)을 활용하여 조력발전소 바로 옆에 약 2만평 규모의 체험광장을 만들었다. 연간 약 110만 명 이상의 관광객이 다녀갈 것으로 예상되는 이곳 체험광장에는 통합 문화관도 건립될 예정이다. 시화호와 신재생에너지에 관련된 학습과 문화공간의 장소를 제공하게 될 것이다. 시화호수, 서해바다, 바람, 햇볕, 파도소리를 느낄 수 있는 친수(親水) 체험계단과 소망 포토존(photo zone)도 만들어 좋은 추억을 남길 수 있는 공간으로 만들 것이다. 또한 시화방조제 남측 끝에는 K-water(한국수자원공사)가 설치한 1500kW 풍력발전기 2대가 현재 가동되고 있다. 그리고 체험광장에서 내려다보이는 시화호수의 수면에는 수상 태양광발전도 도입할 예정이다. 그리하여 K-water는 앞으로 이 지역을 조력, 풍력, 태양광 발전이 함께하는 우리나라 최고의 신재생에너지 녹색성장의 메카로 조성해 나갈 계획으로 있다.

시화호 조력발전소의 태동

:: 조력발전소 잉태

'96년 5월 K-water(한국수자원공사)는 점점 나빠지고 있는 시화호의 수질 개선을 위한 장단기 종합대책의 일환으로, 조력발전 사업의 가능성을 이 분야의 전문기관인 한국해양연구소에 의뢰하여 검토하였다. 시화호수 면적의 3분의 1만 해수호로 이용할 것을 전제로 하였고, 조력발전소 건설의 기술적 내용과 사업의 경제성을 검토 의뢰 하였다.

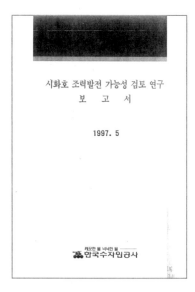

▲ '97년 시화호 조력발전 가능성 검토 용역 성과물

앞쪽 사진과 같은 용역 성과물은 조력발전소의 발전시설용량이 16만kW급의 조력발전기의 설치가 가능한 것이었다. 그리고 시화호 수질개선에는 상당히 기여할 수 있겠지만, 전체적으로 조력발전 사업의 경제성은 미흡한 것으로 검토되었다. 그래서 앞으로 제반 여건이 개선될 때까지 조력발전소 건설은 유보하는 것이 좋겠다는 결론이었다.

따라서 자연스럽게 시화호 조력발전소 건설 계획은 더 이상 거론의 대상이 될 수 없었다. 앞으로 제반 여건이 변경(수입 원유가격의 상승, 이산화탄소 배출 제한 강화)되어 조력발전소 건설의 경제성이 다시 입증될 때까지 이 사업은 유보될 수밖에 없었다.

또 그렇게 3~4년의 세월이 흘러가는 동안 시화호 수질 개선을 위한 여러 가지 단기적인 대책들을 강구하였지만 시화호의 수질은 많이 개선되지 않았다. 그리고 이러한 단기 대책들은 항구적인 수질대책이 될 수가 없었다. 결국 2000년 12월 정부(환경부)는 공식적으로 시화호의 담수화를 포기하고 호수 전체를 해수호로 변경한다는 결정을 내리게 되었다. 곧바로 시화방조제 중간지점에 새로운 대형 수문을 만들어 바닷물을 다시 시화호로 유통시키기 위한 기술적 검토가 시작되었다. 이러한 여건 변화 속에서 K-water(한국수자원공사)의 내부조직(발전사업처)에서는 여러 분야의 기술자들이 모여 조력발전 사업을 검토하고 있었다. 검토에 참여했던 기술자들은 조력발전 사업이 지금 당장은 경제성이 미흡하지만 장기적인 안목으로 꼭 필요한 사업임을 모두 같이 인식하고 있었다. 그리고 이 사업을 성공적으로 추진하기 위해 시화호 조력발전 사업의 타당성을 원점에서부터 다시 세밀하게 재검토하기 시작하였다.

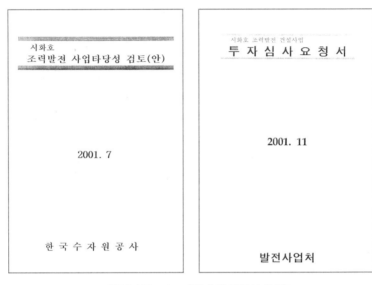

▲ 2001년 K-water 자체 수행 검토서 초(안)

그동안 "우리나라에서의 조력발전사업은 기술적인 문제는 없으나, 아직까지 이 사업의 경제성은 미흡하다." 는 고정관념을 아예 지워 버렸다. 오로지 이 사업을 성사시키기 위한 논리 개발에 많은 시간을 투입하였다. 그리고 경제성이 미흡한 부분만을 집중적으로 재검토하여 전체 공사비를 줄일 수 있는 몇 가지 대안을 마련하였다. 그리고 위 사진과 같은 검토보고서(안)를 만들게 되었다. 경제성(사업성; B/C)이란 투자되는 비용(費用;Cost)에 대하여 얻을 수 있는 편익(便益; Benefit)을 검토하는 것으로 초기에 투자되는 건설 사업비를 최소화 할 수 있는 요인을 찾는 것이 관건이다.

　지금은 그래도 많이 알려진 '조력발전'이지만, 2001년 당시에는 '조력발전'이라는 단어 자체가 생소하였다. 발전소를 건설하려면 전기사업의 허가를 받아야 했고, 사업 허가 조건은 전기사업법(電氣事業法)에 명시되어 있었다. 그런데 그 당시 이 법(法)에는 풍력발전과 태양광발전이라는 내용은 있었지만, 조력발전이라는 용어 자체가 없었다. 그리고 그 당시 K-water 임직원들 중에도 조력발전에 대하여 자세히 알고 있는 사람들이 드물었다.

　이러한 여건 속에서 앞쪽 사진과 같이 2001년 11월에 이 사업의 타당성에 대한 K-water 내부 투자심사가 있었다. 과연 자체자금 3500억 이상을 투자하여 K-water가 조력발전 사업을 하여야 할 것인가? 말 것인가? 하는 투자심사이었다. 어렵게 통과되기는 하였지만, 투자심사 과정에서 심사관들의 질문에 답변을 하느라 힘들었던 힘들었던 부분이 기억이 남는다. 이런 과정을 거쳐 국내 최초의 조력발전소를 잉태하게 되었다.

　그 당시 필자의 생각은 불을 보는 것처럼 더할 나위 없이 분명한 것으로, '수입되고 있는 원유가격은 지속적으로 상승될 것이다'라는 생각이었다. 석유의 매장량은 한정되어 있으며, 세계적으로 소비되고 있는 석유량은 급속히 늘어나고 있으니 유가상승은 필연적이었다. 특히 우리나라의 전력요금은 전적으로 수입 원유가격에 비례하고 있기 때문에, 전기요금은 차츰 인상될 것이고 조력발전사업의 경제성도 점차 개선되어 갈 것이라고 예측하였기 때문이었다.

:: 조력발전소의 태동과정

시화호 조력발전사업을 본격적으로 추진하기 위한 상세 설계 용역을 실시하면서 처음부터 다시 현장조사, 해수유동, 수질변화, 발전소 개념설계 등을 면밀히 검토하였다. 그리고 몇몇 분야에서는 상당히 설득력 있는 자료를 만들어 가고 있었다. 그리고 2002년 3월부터 2003년 11월까지 20개월에 걸쳐 수행한 "시화호 조력발전 타당성조사 및 기본계획"의 용역 성과물이 나왔다. 그동안 시화호 주변의 변화된 여건과 정밀한 현장조사 결과가 충분히 반영된 청사

▲ '03년 시화호 조력발전소 기본계획 기초조사

진이었다.

그 내용을 보면 조력발전 사업의 타당성을 다시 한 번 확인시켜준 것으로, 시화호 수질 개선 효과와 함께 발전설비용량은 25만 4천kW로 세계 최대 규모의 용량이었다. 그리고 연간 5억 5천만kWh의 전력량을 생산하여 인구 50만 규모의 중소도시에 1년간 전기를 공급할 수 있는 발전 능력으로, 외국으로부터 수입하는 원유 약 86만 배럴에 해당하는 유류수입 대체효과가 있다는 내용이었다.

또한 시화호 조력발전소 건설 사업은 CDM(청정개발체재)사업의 성격으로 분류되어 UN에 등록함으로써 이산화탄소 배출권을 획득할 수 있었다. 따라서 정부의 대체에너지 확대정책과 UN 기후변화협약(교토의정서)에도 크게 부응할 수 있을 것으로 검토되었다. 전반적으로 시화호 조력발전소 건설 사업에 대한 타당성이 상당량 확보되었고, 시화호 수질 개선 효과도 충분한 것으로 조사되었다.

부가적으로는 조력발전소 건설과정에서 발생하는 토석을 활용하여 대규모의 수도권 해양 관광단지로 개발할 수 있었다. 그리고 이곳을 국민의 여가선용 관광지로 활용하여 이 지역 경제의 활성화에도 부합할 수 있다는 것이 검토 보고서의 주된 내용이었다.

이 용역보고서 내용을 바탕으로 다시 정확한 물량 산출과 상세한 설계를 하였고, 관계기관 설명, 인허가 처리, 시공사 선정 계약

▲ 시화호 조력발전소 주변 경관 조감도

등 공사 착공을 위한 준비과정을 마치기까지 약 4년이 필요하였다. 그리고 이곳 조력발전소 건설현장(작은가리섬) 직원들은 늘 푸른 바다만을 바라보며 6년이란 세월을 조력발전소 건설공사에 매달렸다. 이렇게 시화호 조력발전소 건설을 위해 부지런히 달려온 시간은 2001년부터 2011년까지 꼬박 10년이란 세월이 소요되었다. 공사기간 10년을 여러 차례 강조하는 것은 이 정도 규모의 조력발전소를 건설하는데 가장 최소한의 시간이 소요되었음을 강조하고자 함이다. 또한 오염이 심각했던 시화호의 수질 개선을 위해 한치의 망설임도 없이 성실히 달려온 대장정의 기간이었기 때문이다.

이제 조력 발전기들이 하나씩 하나씩 정상적으로 시운전되면서 무공해 청정 전력을 생산하고 있다. 발전소 내부의 모든 보조기기들도 정밀하게 조정되었다. 조력발전소 외부는 건설공사의 마무리공사가 아직도 진행 중에 있으며, 체험광장에는 조경공사가 한참 진행 중이다. 조만간 모든 공사가 끝나면 세계 최대의 조력발전소로 화려하게 탄생할 것이다.

▲ 시화호 조력발전소 내부(지하1층) 전경

조력발전의 이해

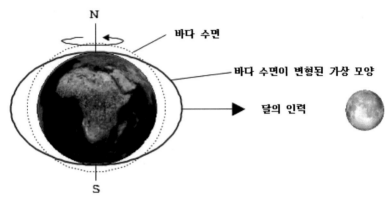

▲ 조수간만의 차가 발생하는 원리

조력발전을 이해하려면 우선 바닷가에서 일어나는 자연 현상과 조수간만의 차가 발생하는 원리에 대하여 먼저 알아야 한다. 지구 표면은 2/3가 바닷물이며, 1/3이 육지로 되어 있다. 이 지구상의 모든 바닷물은 위 그림과 같이 달과 지구의 만유인력(萬有引力) 작용에 의해 바닷물 전체는 계란모양의 타원형으로 변형하게 된다.

이런 타원형 모양의 바닷물 속에서 딱딱한 지구의 대륙이 하루(24시간 동안)에 한 바퀴 자전(自轉)을 한다. 따라서 주기적으로 타원형 모양의 해수면 높은 곳과 낮은 곳을 지나치면서 6시간 단위로 하루에 두 차례 밀물과 썰물의 현상이 나타난다. 물론 지표면의 지형적인 형태에 따라 조수간만의 차가 크게 발생하는 해역도 있고, 조차(潮差)가 작은 해역도 발생하게 된다. 세계적으로 조차가 가장 심한 곳은 15m(아파트 5층 높이) 정도나 되고, 조차가 작은 곳은 불과 한 뼘 정도 밖에 되지 않는 곳도 있다. 심지어는 딱딱한 지구의 지표면도 달과 지구의 상호 인력작용으로 인해 5cm 정도는 변형이 생긴다고 하니 얼마나 엄청난 만유인력의 에너지인지를 짐작할 수 있다.

우리나라도 같은 시각에 서해안의 인천해역에는 9m(아파트 3층 높이) 정도의 조차가 발생할 때, 포항해역에는 불과 20cm 정도의 조차만 생길 뿐이다. 이렇게 조수간만(潮水干滿)의 차(조차)가 크게 발생하는 서해안 같은 해역에 방조제를 축조하고, 큰 조차(낙차)를 가진 바닷물을 이용하여 수력발전(水力發電)과 같은 원리로 전기를 생산하는 것을 조력발전(潮力發電)이라고 한다. 그리고 조력발전을 하기 위한 제반 시설물이 집합된 장소를 조력발전소(Tidal Power Plant)라고 부른다. 이 장에서는 조력발전을 이해하기 위해 조석 현상, 조력발전의 역사, 조력발전 방식, 입지조건과 경제성을 비교하고 외국의 조력발전소 사례와 같은 일반적인 조력발전의 내용을 기술하고자 한다.

조석현상

조석현상은 조력발전의 근본원리이므로 다시 한 번 강조하여 설명한다. 아래 그림과 같이 지구와 달이 서로 잡아당기는 힘(인력)에 의해 지구 표면의 바닷물(하늘색)이 타원형으로 변하게 된다. 이 타원형 모양의 바닷물 상태에서 지구가 하루에 한 바퀴 자전(自轉)을 하기 때문에 바닷물의 높이가 수시로 변화하는 조석현상이 발생하게 된다.

만유인력은 상호 작용하는 물체의 질량에 비례하고, 두 물체 사이 거리의 세제곱에 반비례한다. 태양은 엄청난 규모의 질량을 가졌지만, 지구와는 거리가 너무 멀어서 서로 잡아당기는 힘이(지구와 가까이 있는 달의 인력에 비해) 극히 미미하게 나타난다.

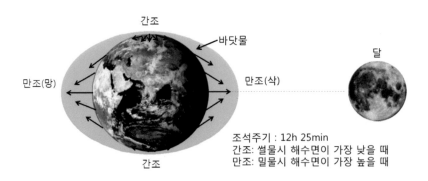

간조

바닷물

달

만조(망)

만조(삭)

간조

조석주기 : 12h 25min
간조: 썰물시 해수면이 가장 낮을 때
만조: 밀물시 해수면이 가장 높을 때

▲ 지구와 달의 위치에 따른 조석현상

결국 조석현상의 크기(조수간만의 차이)는 지구와 달이 서로 잡아당기는 힘에 의해서 결정된다. 다만, 앞쪽 그림과 같이 달과 지구가 일직선으로 배치된 때인 망(望;보름달)과 삭(朔;초승달)에서 두 물체(달과 태양)의 힘이 동시에 작용하여 해수면의 높이가 가장 높아지게 된다. 이 날을 바닷가 사람들은 '사리'라고 부르고, '사리'는 음력 1일과 음력 15일에 발생한다.

그렇지만 해수면이 가장 높아지는 '사리'는 그믐날과 보름날에서 하루 정도가 지난 다음날에 '사리'가 발생한다. 그 이유는 달과 지구의 인력작용에 의해 만조가 될 수 있는 조건은 형성되었지만, 바닷물의 관성력(慣性力) 때문에 보통 하루정도 뒤늦게 조수간만의 차이가 큰 '사리' 물때가 발생하는 것이다.

:: 바닷가 물때 달력

우리나라의 서해안처럼 조수간만의 차가 큰 바닷가에서는 조석현상을 잘 이해하고 미리 예측하여 대비하는 것이 상당히 중요하다. 고기잡이나 선박의 안전한 항해를 위한 것도 있겠지만, 바닷가에 설치된 시설물의 운영관리를 위해서도 조석현상의 예측과 대처는 절대적으로 필요하다. 뒤쪽에는 시화호 조력발전소에서 가까운 인천지역 바닷가의 물때를 표시한 달력 사진이다.

▲ 인천지역 바닷가 물때 달력

　　달력의 날짜 밑에 음력 날짜가 표기되어 있고, 그 아래 작은 글씨로 고조 시간과 저조 시간 그리고 그 시간대의 해수면 높이가 자세히 기록되어 있다. 또 그 아래에는 1물부터 2물, 3물, 4물, 5물,… 13물까지 기록 되어 있고 14물을 '조금', 15물은 '무쉬'라고 표기되어 있다. '조금'이란 '사리'와 상대되는 뜻으로 '조수간만의 차가 가장 작은 날'이라는 순수 우리말이고, 달의 모양이 반달(상현달, 하현달)일 때가 '조금'의 시기이다.

우리나라는 해안(서해안, 남해안, 동해안)별로 물때를 표현하는 방법이 각기 다르다. 서해안 지역에서는 앞장의 달력과 같이 숫자가 붙은 물때를 사용하고, 남해안에서는 신체부위 만큼의 바닷물 높이를 표현한 물때를 사용한다. 서해안의 다섯물(5물)을 남해안에서는 '배꼽사리'라고 하고, 6물은 '가슴사리', 7물은 '턱사리', 8물은 '한사리', 9물은 '목사리', 10물은 '어깨사리', 11물은 '허리사리'라고 표현한다.

실제로 우리나라 남해안은 조수간만의 차(조차)가 서해안에 비해 상대적으로 작고 최대조차가 2m 미만이기 때문에 인간의 신체부위 높이로 표현하는 것이 더 적절한 방법이 아니었나 생각한다. 서해안의 경우는 조차의 깊이를 적절히 표현할 수 있는 방법이 없었기 때문에 오래전부터 숫자로 된 바닷가의 물때 표현을 사용한 것 같다. 동해안의 경우는 조수간만의 차가 워낙 작아 물때를 별로 느끼지 못하고 있으며, 조석현상을 표현하는 적당한 방법도 없다.

그리고 바닷가 해안에 설치한 제방이나 뚝을 서해안에서는 방조제(防潮堤)라고 하며, 남해안이나 동해안에서는 방파제(防波堤)라고 부른다. 물론 한자 표현대로는 높은 조석현상을 막는 제방이며, 높은 파도를 막는 뚝이다. 그런데 영문(英文)에서는 방조제, 방파제 모두를 Breakwater 혹은 Sea wall 로 표기한다. 세계적으로도 조수

▲ 사리, 조금 물때 시간별 달력 사진

간만의 차가 크게 발생하는 곳이 불과 10여개 지점에 국한되어 있기 때문에 구태여 구분하여 표기하지 않는 지도 모르겠다.

옆 사진은 앞 쪽의 달력 사진 일부분을 확대한 것이다. 2010년에는 10월 9일 한글날이 이 지역에서 말하는 8물(사리) 때였고, 조수간만의 차가 가장 큰 물때였다. 사진에서와 같이 한글날 오전 11시 39분이 저조 때로 해수면이 가장 낮아져 EL. -33cm 까지 내려갈 것이라고 기록되어 있다. 그리고 이날 17시 47분에는 인천지역의 해수면이 가장 높아지는 고조 때로 EL. 962cm 까지 상승할 것이라고 예측하고 있다. 무려 10m (962+33=995cm) 정도의 조차가 발생하는 날이었다.

상상해 보라! 저 넓은 서해바다의 바닷물 해수면 전체가 10m (아파트 3층 높이)정도 높아졌다 낮아졌다 정확한 주기로 변화하고 있는 현상을… 이 얼마나 엄청난 자연의 힘인가? 지난 2011년 3월 11일 일본 동북부 지방을 강타한 진도 9.0의 지진 여파로 발생한 쓰나미의 모습을 우리는 TV 화면으로 목격할 수 있었다. 이곳 시화방조제에는 이 쓰나미 보다는 규모가 작지만 이와 비슷한 현상이 하루에 두 차례 주기적으로 발생하고 있다. 시화호 조력발전소는 이렇게 무궁무진한 해양에너지를 이용하여 전기를 생산하고 있는 것이다. 서해바다는 앞으로도 수십억 년 동안 무한한 청정에너지를 무료로 보내줄 것이다.

또 사진에서 2010년 10월 15일은 '조금'이라고 기록되어 있으며, 다음날인 16일은 '무쉬' 라고 표기되어 있는데, '조금 무시(?)' 해도 좋을 만큼 조수간만의 차가 작은 날들이라고 알고 있으면 되겠다.

이 날의 조수간만 차는 233cm(560-327=233)에 불과해 지난 10월 9일 한글날에 발생한 10m의 조차에 비하면 정말 무시해도 될 정도의 작은 조차가 발생하였다.

▲ 시화호 조력발전소 부근 해역의 조차 비교 사진

위 사진은 조수간만의 차이가 무려 10m 정도 발생하였던 2010년 한글날, 조력발전소 건설 현장 앞에 있는 '큰가리섬'을 배경으로 간조(저조)와 만조(고조) 현상을 사진으로 남겨보고자 촬영하였다. 왼쪽 사진은 이 날 오전 11시 경으로 날씨가 쾌청하여 사진의 상태도 양호하였고, 큰가리섬 뒤로 보이는 인천항과 인천 송도 신도시가 선명히 보였다. 6시간 뒤인 오후 5시 경에 찍은 우측 사진은 날씨가 갑자기 흐려져 사진 전체가 어둡게 촬영 되었다. 하지만 저 넓은 서해 바다의 해수면 전체가 10m 정도 오르고, 내리는 '사리' 물때 현상을 주변 전경과 비교하여 촬영할 수 있었다.

:: 우리나라 지역 별 조차

	EL.m 값	구분
(단위 : EL.m)	5.366	고 극 조 위(H.H.W)
	4.556	약최고만조위(Approx H.H.W)
	3.878	대조평균만조위(H.W.O.S.T)
	2.761	평균만조위(H.W.O.M.T)
	1.644	소조평균만조위(H.W.O.N.T)
	0.000	인천평균해면(I.M.S.L)
	-0.024	시화지역평균해면 (M.S.L)
	-1.692	소조평균간조위(L.W.O.N.T)
	-2.809	평균간조위(L.W.O.M.T)
	-3.926	대조평균간조위(L.W.O.S.T)
	-4.604	약최저간조위(Approx L.L.W)
	-5.645	저극조위(L.L.W)

대조차 : 7.804
평균조차 : 5.570
소조차 : 3.336

▲ 시화지역 조차 조사표

우리나라에서 조수간만의 차가 가장 큰 곳은 서해 중부 연안인 경기도 인천항 부근이다. 사리 때에는 조차가 9m 이상이 되기도 한다. 시화호 조력발전소가 건설되는 위치는 인천항에서 직선거리로 10km 정도 떨어져 있어 인천지역의 조차와 같다고 해도 무방하다. 앞쪽 표는 시화방조제가 있는 시화지역 해안의 조수간만의 차를 조사하여 시화호 조력발전소의 설계 당시에 반영하였던 기초자료이다. 시화지역 해수면의 평균조차는 5.57m, 대(최대)조차는 7.8m, 소조차는 3.3m를 적용하였다.

표에서 조차의 높이 단위 EL. m의 의미는 해발고도, 즉 '바다의 평균해면으로 부터의 높이'라는 뜻이다. 예를 들어 제주도 한라산의 높이가 EL. 1,950m 이라면, 그 뜻은 바다의 해면으로부터 지상으로 1,950m의 높이인 것이다.

하지만 바닷물의 높이는 시간대별로 수시로 변하기 때문에 한군데 통일된 기준을 정해야 했는데, 우리나라는 인천 앞바다의 평균해면을 표준점으로 확정했다. 오랜 세월 인천항 바닷물의 높이 변화를 관측해서 그 평균이 되는 높이를 인천지역의 평균해면으로 정했다. 평균해면은 우리나라 바닷가마다 조금씩 차이가 있다. 앞쪽 표에서와 같이 시화지역 평균해면은 인천 평균해면에 비해 2.4cm 정도가 낮다.

우리나라의 서해안은 세계적으로도 조수간만의 차이가 큰 해역으로 알려져 있다. 서해바다는 전반적으로 수심이 얕고 평평한 지역으로 남쪽 동중국해 바다를 통해 들어오는 조석의 파고가 서해안의 지형에서 더욱 발달하여 조수간만의 차가 점점 크게 나타난다. 이와 달리 동해안은 수심이 깊고 큰 바다(태평양)와 접해 있어 조석의 차가 크게 나타나지 않는다.

서해안의 인천항 부근은 우리나라에서 가장 조차가 심한 해역으로 평균조차가 5.5m 정도이다. 인천에서 위도 상으로 위로 올라가면 조차가 작아지며, 아래로 내려가도 조차는 점점 작아진다. 가로림만 부근은 4.5m, 목포항은 약 3m 정도의 조차를 가진다. 남해안은 여수에서 부산 쪽으로 갈수록 조차가 작아지며 대부분 2m 미만이다. 부산항은 조차가 1m 정도 밖에 되지 않는다. 우리나라에서 조차가 가장 작은 곳은 포항으로 20cm 를 넘지 못한다. 또 포항을 기점으로 동해안을 따라 북쪽으로 올라가면 조차가 조금씩 증가는 하지만 큰 차이가 없다. 다만 강릉, 속초부근에서 약 30cm 정도의 조차를 나타낼 뿐이다.

:: 달의 자전과 공전

달은 지구와 마찬가지로 자전과 공전을 계속한다. 달이 지구 둘레를 한 바퀴 도는 공전 주기를 '항성월' 이라 하고 시간은 약 27.3일 걸린다. 보름달에서 그 다음 보름달까지를 '삭망월' 이라고 하는

데 약 29.5일이 걸린다. 삭망월과 항성월의 시간차는 약 2.2일이다. 이 2.2일의 시간차는 달이 지구를 한 바퀴 공전하는 동안 지구도 태양을 중심으로 공전하며 위치를 조금 옮겼기 때문에 발생하는 시간의 차이이다.

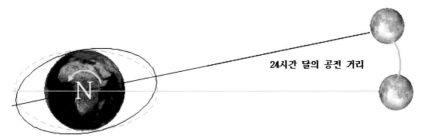

24시간 달의 공전 거리

▲ 지구의 자전과 달의 공전

달은 공전과 자전 주기가 같아 지구에서 달을 볼 때 늘 한쪽 면(얼굴)만 바라볼 수밖에 없다. 달의 뒷모습을 직접 자기의 눈으로 본 사람은 인류 역사상 몇 사람에 한정된다. 러시아(구 소련)의 '유리 가가린'이나 미국의 '닐 암스트롱'과 같이 유인 우주선에 탑승했던 우주비행사 몇 사람만이 달의 뒷면을 직접 자기 눈으로 보았다. 달의 뒷모습은 1959년 10월 7일 소련의 루나 3호 무인 우주탐험선이 카메라로 처음 촬영하기 전까지는 전혀 알려지지 않았었다. 그 전에 인간은 지구에서 망원경으로 달 표면의 59% 정도만을 볼 수 있었다. 칭동 현상이라 하여 지구둘레를 도는 달의 궤도면이 지구 적도에 대하여 조금 기울어져 있고, 타원궤도 운동에 의한 기하학적인 현상과 지구 자전으로 생기는 시차 효과에 의해 달의 상하좌우 모퉁이 9%정도를 더 볼 수 있었다.

그리고 달이 뜨는 시각은 매일 약 50분가량 늦게 뜬다. 이는 앞쪽 그림과 같이 하루 사이에 달이 지구 둘레를 13.2도 정도 공전하며 움직였기 때문에 생기는 시간의 차이이다. 그래서 앞장 달력 사진에서 보았듯이 어제 만조 시각과 오늘 만조 시각과는 24시간 50분의 시차를 보인다. 이 24시간 50분이 '달의 하루'이고, 하루에 두 차례씩 주기적으로 조석 현상이 발생하고 있다.

조석현상의 예측은 전산기기의 발달로 더욱 정확하게 예측되고 있다. 이것이 조력발전이 풍력발전이나 태양광발전에 비해 발전효용성(發電效用性)이 월등한 점이다. 조력발전은 에너지의 생산량도 상당하지만, 그것보다는 앞날을 정확히 예측할 수 있다는 점이 가장 큰 장점이다. 풍력발전은 바람이 부는 날을, 태양광 발전은 하늘이 맑은 날을 정확히 예측하기가 사실상 어렵지만, 조력발전은 10년 뒤에 발생할 조석 현상까지도 정확한 예측이 가능하여 이를 매일 매일의 발전계획에 미리 반영할 수 있기 때문이다.

천체과학의 발달로 태양과 지구, 달의 나이가 개략적으로 알려지고 있는데, 태양의 나이는 약 50억년, 지구는 약 45억년, 달은 약 40억년이란 학설이 주류이다. 태양계가 있는 한 지구와 달의 자전과 공전은 계속될 것이고, 우리나라 서해바다의 조석 현상도 계속될 것이다. 시화호 조력발전소는 순수하게 이 조석현상의 밀물과 썰물의 힘만을 이용하여 전기를 만들어 내는 것이다.

조석 이야기

우리나라 서해안 해안가에서 바다와 더불어 살아가는 사람들은 자연스럽게 조수간만의 차를 느끼며 살아가고 있다. 대략 6시간 12분 간격으로 발생하는 해수면의 높고 낮음을 매일 눈으로 확인하며 생활하기 때문이다. 물때를 표기한 달력이 없어도 달을 보면 물때를 대략 알 수 있었다. 상현달이나 하현달과 상관없이 반달 모양이 보이면 '조금' 아니면 '무쉬'로서 조수간만의 차가 작다. 보름달이나 그믐달에는 조차가 심하여 고기잡이를 나가서도 '사리' 물때를 항상 의식하고 조심하였다. 그러면 옛날 사람들의 기록 속에는 조석 현상들이 어떻게 표현되어 있었는지 살펴보기로 하자.

:: 이성계의 위화도 회군

고려말기 1388년 5월 (우왕14년) 고려 군대가 중국 요동을 정벌하기 위해 압록강 하류에 위치한 위화도에 머물렀다. 이때 위화도에 머물던 고려군 이성계 장군이 중심이 된 몇몇 장군들의 마음이 변하여 말머리를 돌리는 회군(回軍) 사건이 발생하였다. 이 사건을 계기로 이성계파가 권력을 장악하였고 조선 건국의 기틀을 마련하였다. 태조 이성계는 죽고 이씨조선 4대 세종대왕 때 우리의 글(한글)이 만들어졌다. 세종대왕은 조선의 건국을 찬양하고, 선조들의 업적을 기리고자 한글로 지은 최초의 가사 '용비어천가'를 신하(정인지)를 시켜 쓰게 하였다. 여기에는 조선 왕조 창건을 합리화 하려고 증조할아버지인 이성계의 무공을 상세히 기록하였다. "이태조가 위화도에 주둔하고 있을 때 비가 며칠 동안 억수같이 왔으나 강물이 붇지 않더니, 이성계가 회군하여 섬을 빠져 나오니 곧바로 온 섬이 물속에 잠겨 버렸다."라고 기록되어 있다.

▲ 위화도 전경

위 사진의 위화도는 압록강 하구에 있으며 서울 한강의 여의도처럼 모래가 퇴적된 삼각주로, 당시에는 강물이 쉽게 범람하는 작은 섬이었다. 압록강 하구도 서해안에 접해 있어 조수간만의 차가 큰 해안이다. '조금'때의 조차는 2m 정도, '사리'때의 조차는 5m 이상으로 제법 큰 편이다. 이성계가 회군을 생각하며 위화도에 머물고 있을 때에는 아마도 '조금(반달)' 물때이면서, 비가 며칠 동안 억수

같이 내린 것 같다. 회군(回軍)을 결정하고 섬을 빠져 나올 무렵에는 '사리'(보름달) 물때 시간이었다. 이때에 바다에서 발생하는 '조석보어'와 압록강 상류에 며칠간 내린 빗물이 홍수로 변하여 하류로 내려왔다. 역류하는 바닷물과 합쳐지면서 위화도는 순식간에 물속에 잠겨 버렸다. 조석보어(潮汐- ; tidal bore)는 조석해일이라고도 하며, '사리'때의 강한 밀물이 강 하류를 거슬러 마치 쓰나미처럼 치고 올라가는 조석파고이다. 이성계의 위화도 회군은 정말 하늘이 도운 것이며, 말머리를 돌려 회군한 것을 합리화시킨 내용이다. '용비어천가'는 우리나라의 조석현상이 자세히 기록되었으며 한글로 기록된 최초의 가사(歌詞)이다.

:: 이순신 장군의 '난중일기'

이순신 장군이 임진왜란 중에 쓰신 '난중일기'를 보면 우리나라의 조석현상이 너무도 자세히 잘 나타나 있다. 이순신 장군은 무공과 부하 통솔력도 뛰어났었지만 더욱 훌륭한 능력은 우리나라 해안의 지형지물을 세밀하게 알고 있었다. 그리고 바다에서 일어나는 조석현상을 정확히 알고 있었으며, 그것을 전략전술로 활용하였다는 점이다.

이순신 장군은 언제 밀물과 썰물이 발생하고, 어디에서 가장 물살이 세고 빠른지를 정확히 알고 있었다. 1597년 1월 정유재란의 명량대첩은 도저히 믿기지 않을 정도의 완전한 전승(戰勝) 기록이다. 외국의 전략전술가들도 선뜻 인정하지 않으려 하는 전쟁 기록물이다. 하지만 울돌목 바닷가의 특이한 조석현상을 알고 나면 누구나 금세 수긍할 수 있을 것이다. 바다가 운다고 하여 명량(鳴梁)이라고 표기하였고, 우리말 '울돌목'은 돌이 울며 굴러간다는 (병목 현상이 발생하는) 좁은 목이다. 울돌목은 전남 해남군 우수영과 진도군 녹진 사이를 잇는 좁은 해협으로 바다의 폭은 325m에 불과하다. 가장 깊은 곳의 수심이 20m, 조류의 유속이 11.5노트(5.9m/sec)에 달해 굴곡이 심한 암초 사이를 급류가 소용돌이치며 흐른다.

이순신 장군이 억울한 누명을 쓰고 옥에 갇혀 있던 당시 132척의 조선 수군 함대가 칠천량에서 왜군의 기습을 받아 삼도수군통제사 원균은 전사하였다. 우리 함대 120척이 침몰되었으며, 겨우 12척만 살아남은 처절한 상황에 처해 있었다. 이순신 장군이 풀려나 다시 삼도수군통제사로 제수되면서 처음 치른 해전이 명량대첩이었다. 다시 전열을 가다듬고, 이순신 장군은 정확히 조석현상의 물때 시간에 맞추어 왜군의 함대를 명량수로 울돌목으로 유인하였다. 우리나라 바다의 지형지물에 어둡고, 조석현상을 잘 모르는 왜군 함선들은 울돌목의 빠른 조류에 떠밀려 내려갔다. 왜군 함대는 바다 속 바위 암초에 부딪쳐 선박이 모두 파손되는 엄청난 피해를 입고 우왕좌왕 하였다. 이때 이순신 장군의 수군은 썰물을 타고 내려가며 빠른 기습 공격으로 완벽한 승리를 거두면서 정유재란은 끝이 났다. 410년 전 우리나라의 조석 현상을 자세히 느낄 수 있는 역사의 기록이다.

▲ 울돌목의 진도대교 전경

:: 외국의 조석현상

우리나라 서해안만큼이나 조수간만의 차이가 큰 바다를 가진 세계적인 나라들은 영국, 프랑스, 러시아, 미국, 캐나다, 호주, 인도, 중국 등 10여 개국이 있다. 이들 나라도 우리와 같이 오래전부터 조석현상에 대해 잘 알고 있었고 기록들이 많이 남아 있다. 가장 오래된 기록은 지금으로부터 2335년 전인 기원전 325년 그리스의 탐험가 '피테아스(Pytheas)'의 기록이다. 당시 고대 유럽의 해양민족인 미노아인(人), 페니키아인, 그리스인들은 배를 타고 바다에 나가 무역통상(貿易通商)과 식민(植民) 활동을 하면서 지중해와 대서양으로 점차 활동 범위를 넓혀 나갔다. 그 중 그리스의 탐험가 피테아스는 자신이 다녀온 지역에서 경험한 조석 현상에 대해 자세히 기록하였다. 그는 그리스를 떠나 영국의 최북단에 있는 셔틀랜드 제도에 머물면서 그 지역의 심한 조석현상을 경험하였고, 이에 대해 자세히 기록하였다. 하루에 두 번 해수면이 높아졌다 낮아졌다를 주기적으로 반복하고, 한 달에 두 번의 사리와 조금이 있으며 보름달이 뜰 때마다 '사리'물때를 체험하였다. 조석현상은 달의 모양과도 관계가 있다고 기록하였다.

또, 기원전 55년 로마 황제 시저(Caesar)가 영국을 침공하였다. 로마에서 영국까지 대서양은 수월하게 횡단하였으나, 영국 해안에 도착하여 심한 조석현상으로 어렵게 상륙을 하였다. 영국 바닷가의 조석현상을 잘 알지 못하여 힘든 전투를 하였고, 계속되는 폭풍우와 후속 물자를 원활하게 지원받지 못하여 결국은 후퇴하였다는 기록도 있다.

세계 여러 나라에서 발생하는 조석현상을 기록한 자료는 많이 있지만 모두 바닷가에서 발생하는 자연 현상을 자세히 기록하였을 뿐 과학적으로는 그 이유를 명쾌하게 설명하지 못하였다. 과학적 이론으로 조석현상을 처음 설명한 사람은 영국의 과학자 뉴턴(Newton)이다. 그는 만유인력 법칙과 함께 지구와 달, 그리고 태양 사이에 작용하는 에너지가 조석현상을 만든다는 사실을 수학적 해석으로 설명하였다. 지금까지도 뉴턴의 수학적 해석이 지구상의 조석현상을 설명하는 기본이론이다. 이 수학적 기본 해석 중에는 아직도 명쾌하게 해석되지 않는 부분이 일부 있다고 한다.

제2장 : 조력발전의 이해

조력발전의 역사

 바다는 하루에 두 차례 정기적으로 조석(밀물과 썰물)현상과 조수간만의 차(조차)를 발생시킨다. 이 조차(낙차)를 이용하여 원동기를 돌리고 에너지를 얻어 발전하는 것이 조력발전이다. 조력발전을 하려면 조차가 심한 곳이라야 하는데 세계적으로 조력발전이 가능한 나라는 10여 개국 정도이다. 이들 나라는 오래전부터 이 조차에너지를 어떻게 이용할 것인가를 연구하였다. 14세기에 이탈리아의 마리아노(Mariano)는 조석방앗간 건설에 관한 책자를 발간하였고, 프랑스 랑스 지역에는 작은 마을 단위로 조석방앗간을 많이 만들어 이용했던 흔적이 그대로 보존되어 있다.

 18세기 프랑스에서는 조석 에너지를 연속적으로 얻을 수 있는 복조수지식(複潮水池式) 발전에 관한 원리가 소개되기도 하였다. 그러나 19세기 산업혁명으로 열기관(내연기관, 증기기관)을 이용한 화력발전 설비가 대형화되었다. 그리하여 상대적으로 효율이 떨어지는 조력에너지 개발에 대한 열기가 식게 되었다. 그래도 수력발전소는 꾸준히 개발되고 상용화되면서 수차발전기의 대형화와 전기기술 향상이 점차 이루어지고 있었다. 이 기술력의 발전에 힘입어 대규모 조력발전 개발과 운영상의 문제점들이 하나씩 해결되었고, 1966년 11월 26일 현대화된 프랑스의 랑스(Rance) 조력발전소가 세계 최초로 가동되기 시작하였다.

1968년에는 러시아에서 조그마한 시험용 조력발전기를 가동하였다. 러시아는 이 작은 시험용 발전기를 시험가동하면서 앞으로 러시아의 백해(白海) 연안에 방대한 조력에너지 개발을 위한 기초자료를 수집하려고 하였다. 또 하나의 시험용 조력발전소가 1984년 캐나다의 아나폴리스(Annapolis)강 하구에 건설되었다. 캐나다 역시 약간 변형된 조력발전기를 운용하면서 세계 최대 조력발전소 건설을 위한 기초자료를 축적해가고 있다. 그 밖에 영국을 비롯하여 조력발전소를 건설할 수 있는 최적지(最適地)를 가진 다른 나라들도, 언젠가는 고갈될 석유에너지의 미래를 예측하며 대체 에너지원으로 조력발전의 기술개발 자료를 수집하고 있다. 특히 가장 최근에 건설된 시화호 조력발전소의 건설과정을 관심 깊은 눈으로 지켜보고 있다.

:: 우리나라의 조력발전

우리나라 서해안은 굴곡이 심한 리아스식 해안으로 크고 작은 만(灣)이 발달해 있고 조수간만의 차가 커서 조력발전의 세계적인 적지이다. 그리고 남해안의 울돌목은 강한 조류로 인하여 조류발전의 적지이다. 조력(潮力)발전과 조류(潮流)발전은 얼핏 듣기에 단어가 비슷하여 유사한 것으로 인식하기 쉽다. 하지만 해양에너지를 어떻게 이용하느냐 하는 방법상의 차이점이 있고, 발전 효율 면에서도 상당한 차이가 있다. 또 우리나라 해안에서 상용화할 수 있는 해양 에너지로 조력발전과 조류발전 이외에 파력발전, 해수온도차 발전 등이 있는데, 이에 대하여는 다음 장에서 자세히 다루기로 하고 이 페이지에서는 조력발전에 대한 사례만 정리하고자 한다.

대한민국의 서해안 특히, 경기만(京畿灣) 해역은 큰 조차로 인하여 천혜의 조력에너지 자원의 보고(寶庫)로 세계적으로 알려져 있다. 때문에 우리나라 서해안에서 조력발전을 해 보려는 구상은 1920년대부터 검토를 시작한 것으로 추정된다.

1929년 조선총독부 체신국에서 수행한 '인천만 조력발전 방안에 대한 조사 보고서'가 이를 증명하고 있다. 그 이후로도 여러 차례에 걸쳐 조사사업이 시행된 기록이 있다. 특히 1970년대 초 세계 석유 파동으로 인한 대체에너지 개발 및 탈석유(脫石油) 전원개발정책의 일환으로 1974년부터 한국해양연구소와 한국전력공사 등에 의해 본격적인 타당성검토 조사사업이 수 차례 걸쳐 실시되었다.

1978년 한국전력공사에서 실시한 '서해안 조력 부존자원 조사보고서'에서는 조력발전이 가능한 개발 입지 10개소를 선정하였다. 그리고 이 선정된 장소에서 약 650만kW의 조력 부존자원량이 개발 가능함을 확인하였다. 이 중에서 충남 서산군 소재 '가로림만'이 우리나라에서 가장 유망한 최적지로 조사되었다. 하지만 그 당시 수입되는 유류가격을 반영한 전력요금으로는 사업의 경제성이 미흡하여 조력발전소 개발이 유보되었다.

가로림만이 국내 최고 조력발전소 건설의 적지로 검토되었던 이유는 아래 사진과 같이 지형상으로 병목구간이 있어 이를 적은 토목공사비로 막을 수 있었기 때문이다. 그리고 넓은 조지(潮池;저수지)를 확보할 수 있고, 많은 양의 전기를 발전할 수 있는 조건도 갖추었기 때문이었다.

▲ 가로림만 조력발전소 건설예정 위치도

하지만 가로림만의 평균조차는 4.5m 이고, 시화방조제 부근 해역의 평균조차는 5.5m 이다. 시화호 조력발전소의 평균조차가 1m 더 높은 것이다. 조력 발전기의 출력(出力)은 조차(낙차)에 비례하여 높아지기 때문에 조력발전소 건설에서 평균조차가 클수록 경제성이 좋아진다. 이런 면에서 보면 시화호 조력발전소는 우리나라에서 가장 이상적인 조건을 갖춘 조력발전소인 셈이다.

시화호 조력발전소가 이상적인 이유는 기존의 시화방조제를 그대로 이용하였기 때문에 토목 공사비를 많이 경감할 수 있었고, 조수간만의 조차(潮差)가 우리나라에서 가장 큰 지점에 조력발전소가 건설되었기 때문이다.

그동안 우리나라 서해안의 조력발전소 건설은 기술적으로는 크게 문제될 것이 없었으나, 사업의 경제성이 주요 관건이었다. 최근 들어 수입되는 유류가격이 배럴당 100불을 상회하고 있다. 그리고 지구온난화 억제를 위한 이산화탄소 배출량을 세계 각국에서 엄격히 규제하고 있으며 탄소배출권의 거래가 현실화되고 있다. 이런 세계적인 추세 속에서 조력발전을 할 수 있는 여건을 갖춘 나라에서는 다시금 조력발전소의 건설을 적극적으로 검토하고 있는 것이다.

외국의 조력발전소 사례

현재 조력발전소를 가동 중인 나라는 전 세계적으로 4개국뿐이다. 전 세계 230여개 나라 중 조력발전을 할 수 있는 지형적인 조건을 갖춘 나라는 10개국 정도이다. 우리나라 시화호 조력발전소는 시화호의 수질을 개선하려는 목적이 조력발전소 건설의 직접적인 동기가 되었다. 하지만 다른 나라의 조력발전소들은 모두가 대단위 조력발전소 건설에 앞서 시험용 발전소의 기능을 수행하기 위해 건설되었으며, 이런 차원에서 관리되고 있다.

:: 랑스(Rance) 조력발전소

조력발전소하면 프랑스의 랑스 조력발전소가 연상될 정도로 모든 면에서 랑스 조력발전소(La Rance Tidal Power Plant ; France)가 조력발전소의 원조(元祖)임을 누구도 부인할 수가 없다. 프랑스는 1920년대부터 이 지역을 조력발전의 최적지로 보아 사전조사를 시작하였다. 그리고 1966년 랑스 조력발전소가 준공되었다. 그 이후 45년이 지난 지금까지도 정상적으로 운영되고 있다. 조력발전 시설용량은 10만kW 조력발전기 24대가 설치되어 총 24만kW이다. 연간 약 5억kWh 의 전기를 생산하여 랑스 지역에 주로 공급한다. 다음 쪽 사진과 같이 랑스만의 길이가 약 1km 정도로 폭이 좁고, 조수간만의 차는 최대 13.5m 정도라니 정말 세계 최고의 조력발전소 건설 적지(適地)인 셈이다. 얼핏 보기에는 바닷가에 건설된 교량(橋梁)처럼 보이지만, 조력발전기 24대가 저 구조물 아래에 설치되어 있다.

▲ 프랑스 랑스 조력발전소 전경

지금까지는 세계 최초이며, 세계 최대 규모의 조력발전소이었다. 이제 25만 4천kW급의 시화호 조력발전소가 준공되면서 세계 최대 규모라는 타이틀은 자연스럽게 시화호 조력발전소로 넘어오게 되었다.

위 사진의 왼쪽 아래에는 호수와 바다로 배가 왕래할 수 있는 통선문(通船門;ⓐ)이 보인다. 바다와 랑스강(호수)의 수면(물) 높이가 같아지면 작은 배들이 바다와 호수로 통행하게 하는 통선문이 열린다. 통선문 반대편 호안에는 6문의 배수갑문(ⓑ)이 설치되어 상류로부터 유입되는 물이 많을 경우에 바다로 배수시키는 기능을 가끔씩 수행하고 있다. 랑스 조력발전소는 시화호 조력발전소(단방향, 창조식)와는 다르게 양방향 복류식(復流式)발전방식을 채택하였다. 이는 제2차 세계대전 이후 프랑스 정부가 미래의 불확실한 전력수급에 대비하기 위한 연구과제로 랑스 조력발전소를 설계하였기 때문이다. 다시 말하면 대용량 대단위 조력발전소 개발에 앞서 랑스 조력발전소를 시험용 발전소 개념으로 건설하였던 것이다. 24시간 연속발전을 염두에 두고 복조수지식 발전도 검토하였는데, 정말 조력발전에 대한 기술과 열정이 대단한 나라이다.

1966년 랑스 조력발전소의 준공식에는 프랑스의 드골 대통령(2차 세계대전 당시는 드골 장군)이 직접 참석하여 '달님의 아들들, 수고 많았습니다'라고 공사 관계자들을 치하 하였다. 조력발전은 '달님의 선물'이고 이 일을 수행한 사람들은 모두다 '달님의 아들들'이라고 불렀다. 앞장에서 기술하였지만 조력발전소는 달과 지구의 상호 인력 작용에 의하여 발생하는 조석현상인 조수간만의 차(낙차)를 이용하는 발전소이다. 태양이 조석현상에 미치는 영향력은 지구와 태양과의 거리가 너무 떨어져있어 상호 만유인력 작용이 미약하기에 조력발전은 전적으로 '달님의 은총'이라 표현하여도 전혀 잘못된 표현이 아니다.

프랑스는 이렇게 차분히 조력발전의 기술을 축적해 나갔으나,

1970년대 원자력 발전이 상용화되기 시작하면서 상대적으로 경제성이 낮은 조력발전은 잠시 침체되어 있었다. 앞으로 수십 년 내 화석연료인 석유가 고갈되면서 수입 원유가는 천정부지로 오를 것이다. 지구 온난화 현상을 억제하기 위한 UN 기후변화 협약이행과 탄소배출권의 거래가 활성화될 것이다. 그리고 세계 각국이 개발하여야 할 청정에너지의 양이 강제할당 된다면, 조력발전소 건설은 다시 적극적인 검토 대상이 될 것이다.

▲ 프랑스 랑스 조력발전소 기술자들과 한 장면

:: 프랑스 랑스 조력발전소와 MOU 체결

시화호 조력발전소와 프랑스 랑스 조력발전소는 조력발전에 관한 제반 기술 사항을 협력하고 상호교류하기로 양해각서(MOU)를 교환하였다. 세계 최초의 랑스 조력발전소는 1960년도에 이미 이 모든 설비를 직접 설계하고, 시공할 정도로 이 분야에서는 세계 최고의 기술력을 보유하고 있다. 또 1966년 랑스 조력발전소 준공 이후 지금까지 45년간 조력발전 설비를 관리해온 운영관리와 유지보수 기술 또한 많은 경험과 노하우를 축적해 왔다. 시화호 조력발전소는 이제 막 준공되었지만, 어찌보면 지금부터가 시작이 아닌가 한다. 이제부터 우리도 조력발전소를 직접 운용 관리하면서 많은 경험을 직접체험 하게 될 것이고, 조력발전설비 운영관리 분야에도 새로운 기술을 축적해 나갈 것이다.

K-water(한국수자원공사)는 1973년 10월 소양강 다목적댐이 건설되면서 국내 최대용량의 수력발전기(10만kW, 2대)를 처음으로 설치하고 운영관리하기 시작하였다. 연이어 안동댐, 대청댐, 충주댐 순으로 전국에 56대의 크고 작은 수력발전기를 운영 중에 있다. 자타(自他)가 공인하는 우리나라 수력발전 분야의 최고 전문기관이지만, 조력발전소의 운영기술은 일천하다. 하지만 조력발전은 수력발전과 발전 원리가 거의 유사하고, 특히 K-water가 관리하고 있는 소수력 발전기는 대부분이 벌브(bulb)타입 발전기로 조력발전기와 같은 모양이다. 다만 규모와 모양이 조금씩 다르고, 조력발전은 바닷물 속에서 가동된다는 점이 특이하다. 바닷가의 염분 피해와 부

식을 막아야 하고, 심한 풍랑에 대처하는 운용기술 등 앞으로 랑스 (Rance) 조력발전소 기술자들에게 많이 배워야 할 것 같다.

랑스(Rance)는 프랑스 북서부 해안가에 있는 작은 도시이며, 주변 경관이 아름다울 뿐만 아니라 랑스 조력발전소만을 찾는 외국 관광객의 숫자가 매년 30만 명이 넘을 정도로 랑스 지역의 관광산업 발전에 크게 기여하고 있다. 시화호 조력발전소도 서울에서 가깝고 지하철과 연계되어 당분간 서울 손님들이 많이 다녀갈 것으로 예상된다. 그리고 영종도 신 국제공항에서는 승용차로 30분 거리에 있어, 우리나라를 방문하는 외국인들의 견학도 많을 것이다. 아무쪼록 시화호 조력발전소가 이 지역 발전에 많은 기여를 할 수 있기를 기대해 본다.

▲ 캐나다 아나폴리스 조력발전소 전경

:: 캐나다 아나폴리스(Annapolis) 조력발전소

1984년 8월25일 또 하나의 시험용 조력발전소가 캐나다의 아나폴리스강 하구에서 준공되었다. 아나폴리스 조력발전소도 시화호 조력발전소와 같이 기존의 방조제를 그대로 활용하였고, 방조제 가운데에 있는 작은 섬에 건설되었다. 아나폴리스 조력발전소에 설치된 조력발전기도 시화호 조력발전소의 발전기 1대와 용량이 비슷하다. 수차의 직경이 7.6m (시화호: 7.5m) 정격 출력은 2만kW(시화호: 2만 5,400kW)로 새로 개발된 대구경(大口經) 스트라프로(Straflo) 수차를 적용하였다. 시화호 조력발전소의 벌브타입 수차와 효율 면에서도 큰 차이가 없다. 다만 발전기의 진동과 소음은 조금 개선되었다고 한다. 아나폴리스 조력발전소는 캐나다의 펀디(Fundy)만에 위치하고 있는데, 이 펀디만은 나팔형 모양의 길이 265km, 폭 65km, 면적 12,850km² 에 달하는 반 폐쇄형 해역이다. 세계에서 가장 큰 조차(약 15.8m)를 가진 곳으로도 알려져 있다. 이 아나폴리스 조력발전소는 노바스코티아주(Nova Scotia 州)에서 펀디만의 조금 바깥쪽에 위치하고 있어, 펀디만에서 발생하는 최대 조차의 절반 정도인 약 7m 의 평균조차를 보이고 있다. 이 발전소도 역시 장래 펀디만에 개발할 대규모 조력발전소 단지 건설 시에 적용될 기초자료 수집을 목적으로 건설되었고, 조력발전기의 가동도 그런 목적으로 운용 중에 있다.

:: 중국 지앙시아(江嘴) 조력발전소

중국의 지앙시아 조력발전소는 중국 절강성 낙청만의 상단 지류인 상하이 남쪽 레깅(Leging)만에 있는 지앙시아 항구에 위치하고 있다. 1972년 10월 처음 지앙시아 조력발전소 건설을 시작하여 전체 5대를 순차적으로 준공시켰다. 제1호기의 가동은 1980년 5월에 시작하였으며, 최종 5호기는 1985년 12월에 준공하였다.

전체 시설용량은 3,200kW(500+600+700kW*3대)이고, 최대조차는 8.5m 정도이다. 이 조력발전소는 미래의 대용량 조력발전소 건설을 위한 시험용 조력발전소로 건설되었으며, 발전방식도 복류식 발전을 채택하였고 수차는 벌브 타입이다.

▲ 중국 지앙시아 조력발전소 전경

중국에는 지앙시아 조력발전소 외에 위에포(岳浦), 하이샨 조력발전소와 복건성에 싱푸양(辛福洋) 조력발전소, 산동반도 남단 산동성에 바이사커우(白沙口) 조력발전소, 광동성에 관쥬탄 조력발전소 등을 건설하여 운용하였다. 그러나 지금은 지앙시아 조력발전소를 제외한 다른 조력발전소들은 모두 폐쇄되었거나 가동이 정지되었다.

중국은 수력발전 분야에서 우리보다 더 많은 기술과 독특한 경험을 보유하고 있다. 세계 최대 삼협댐(산샤댐)의 수력발전기(소양강댐의 14배)를 독자적으로 설계·제작·설치하여, 운영하고 있으며, 특히 중국은 소수력(小水力)발전 분야에 많은 노하우를 가지고 있다.

일반적으로 소수력 발전이라 함은 3,000kW이하의 수력발전을 말하는데, 우리나라는 2010년 현재 전국에 51개소의 소수력 발전소가 건설되어 운용 중에 있으며, 일본은 약 605개소, 프랑스는 1479개소, 미국은 1715개소가 설치되어 운용 중에 있다. 그러면 중국은 몇 개소 정도의 소수력 발전소가 설치되어 운용 중에 있을까? 중국은 무려 약 58,000여 개소의 소수력 발전소를 개발하여 운용 중에 있으니, 우리와는 처음부터 비교의 대상이 될 수가 없다.

소수력발전의 개발이 가능한 곳은 모두 개발하여 용수(用水)를 확보하고, 청정한 수력에너지를 활용하고 있다. 그리고 조력발전 분야도 마찬가지로 조수간만의 차가 있고 개발이 용이하다면 작은 용량의 조력발전소라도 개발하여 운용하려고 한다. 중국의 지앙시아 조력발전소도 많은 경험을 축적하려는 시험용 발전소의 성격이 강

하고, 대단위 조력발전소 건설을 위한 사전 기초자료 수집을 하고
있는 중이다.

:: 러시아 키스라야 구바(Kislaya Cuba) 조력발전소

1968년 후반에는 러시아의 무만스크(Murmansk) 근방 키스라야
만(灣) 입구에 시험용 조력발전소가 가동되기 시작하였다. 이 조력
발전소에는 1단계로 400kW급의 조력발전기 1대(臺)가 설치되었는
데, 최대조차는 3.9m 이고, 연간 발전량은 1백 2십만kWh 정도로 작
은 규모이다. 이 조력발전소도 러시아의 백해(白海)연안에 방대한 조
력자원 개발을 위한 기초자료 수집과 기술 축적에 그 목적이 있다.

▲ 러시아의 키스라야 구바 조력발전소 전경

지금까지 외국에서 현재 가동되고 있는 4개국의 조력발전소를 정리해 보았다. 대부분이 대규모 조력발전소 단지(團地)를 건설하기 위한 기초자료 수집용 예비 발전소의 기능을 수행하고 있다. 아래 표에서와 같이 현재 가동 중인 4개국 조력발전소의 시설용량은 작다. 하지만 앞으로 건설을 검토, 조사 중인 10여개국의 조력발전소 지점이나 용량이 대규모임을 자료에서 확인할 수 있다.

:: 현재 가동 중인 외국 조력발전소 현황

발전소명	랑스 (프랑스)	아나폴리스 (캐나다)	키스라야구바 (러시아)	지앙시아 (중국)
최대조차(m)	13.5	8.7	3.9	8.39
시설용량(MW)	240	20	0.4	3.2
준공연도	1966	1984	1968	1980~1985
연간발전량 (GWh)	544	50	1.2	6.0
발전방식	복류식 양수가능	단류식	복류식	복류식

:: 세계적으로 조력발전 건설을 검토 중인 지점

국가명	조력지점		최대지점			
	지점수	시설용량 (GW)	위치	평균낙차 (m)	저수면적 (km²)	시설용량 (GW)
러시아	7	113	Penshinsk(s)	6.2	20,530	87.4
프랑스	3	50.24	Cotentin	8.0	4,750	50.0
영국	9	31.3	Severn	8.3	480	8.6
캐나다	4	6.7	Cobequid, B9	11.8	264	4.0
미국	9	4.4	Knik-Arm	8.4	1,600	1.4
브라질	2	4.2	Sao Lais	—	—	4.1
아르헨티나	4	18.0	San Jose(G.N)	—	—	5.3
인도	4	9.6	Cambay	6.8	1,972	7.4
중국	9	21.6	Luoyuanwan	5.2	160	0.5
한국	4	4.4	Inchon	5.9	200	0.8
호주	2	2.3	Walcolt	—	264	1.8

해양 에너지 소개

앞장에서 기술하였듯이 조력발전은 상당한 수준으로 개발되어 이제는 상용화 단계에 도달하였다. 그러나 나머지의 해양에너지들은 아직도 연구개발 수준을 크게 벗어나지 못하고 있다. 해양에너지는 그 이용 방법에 따라 조력발전, 조류발전, 파력발전, 온도차 발전 등으로 구분할 수 있다. 이 중에서 특히 조력발전과 조류발전은 바닷물을 이용하는 방법에서 분명한 차이점이 있지만, 대부분의 사람들은 비슷하거나 같은 것으로 오해하고 있다. 지금부터 조력발전은 제외하고 조류발전, 파력발전, 온도차 발전의 개략적인 원리와 현황을 소개하고자 한다.

자료 : 한국해양연구원

▲ 해양에너지 개발 후보지

:: 조류발전

조류발전과 조력발전의 구분은 방조제가 있느냐 없느냐로 구분된다. 시화호 조력발전소와 같이 기존의 시화방조제를 이용하여 조수간만의 차에서 발생하는 조차(낙차)로 발전기를 돌리는 것이 조력발전이다. 조류발전은 방조제가 없이 해류가 빠른 지점의 바닷물 속에 풍력발전기와 같은 모양의 터빈을 설치하여 발전하는 방식을 조류발전이라고 하며 조력발전 다음으로 이 분야에 대한 연구가 활발히 진행 중이다. 미국에서는 플로리다주 연안에 대단위 조류(해류)발전 사업계획을 검토 중에 있다. 일본은 카지마 해역에서 조류발전의 연구에 주력하고 있다. 우리나라에는 전남 해남군과 진도군 사이의 울돌목 지점이 해류의 유속이 가장 빠른 것으로 조사되어 이곳에서 조류발전의 연구를 진행 중에 있다.

:: 울돌목 조류발전소

자료 : 한국해양연구원

▲ 울돌목 시험 조류 발전소 전경

전남 해남군과 진도군을 연결하는 진도대교 인근의 울돌목은 정유재란 때 충무공 이순신 장군의 명량대첩을 승리로 이끌었던 역사의 현장이다. 조류의 유속이 최대 초당 5.5m로 매우 빨라 국내에서 조류 발전에 가장 적합한 곳으로 알려져 있다. 순수 국내 기술로 만든 울돌목 조류발전소는 발전 설비용량이 1000kW(500kW×2기)이며, 시험용으로 연간 2.4GWh의 전기를 생산하고 있다.

:: 파력 발전

파도가 육지로 밀려오는 힘을 이용하는 발전 방식이다. 에너지 변환장치를 이용하여 기계적인 회전운동 또는 축 방향 운동으로 변

자료 : 한국해양연구원

환하여 전기를 생산하는 것을 파력발전이라고 한다. 파도의 운동에너지를 1차 변환하는 방식에 따라 가동물체형 방식과 진동수주방식이 있다. 1973년 제1차 석유파동 이후부터 전 세계적으로 파력발전을 개발하기 위한 연구가 활발히 진행 중에 있다. 영국, 노르웨이 등에서는 약 50종의 파력발전 장치들이 고안되어 있고, 일본은 이미 1966년부터 바다에 항로를 표시하는 소형 파력발전 부이(부표(浮標); buoy)를 개발하여 상용화하였다.

지구상에 존재하는 파력에너지는 약 2억kW로 추정되고 있으며, 전문가들은 궁극적으로 파력발전이 전 세계 전기 소비량의 약 10%를 감당할 수 있을 것으로 보고 있다.

파력발전소의 형태는 다양하다. 제주도에 세워질 파력발전소는 파도의 힘을 공기 흐름으로 바꾸는 '진동수주형'이고, '월파형'은 파도가 칠 때 위로 올라간 바닷물을 가뒀다가 아래로 떨어지게 해 터빈을 돌리는 방식이다.

최근에 가장 활발하게 개발되고 있는 것은 '가동물체형'이다. 말 그대로 바닷물의 흐름에 민감한 물체를 바다에 띄우고, 그 물체의 움직임을 전기에너지로 바꾸는 장치이다. 가장 대표적인 것이 영국의 오션 파워 딜리버리(Ocean Power Delivery)사가 포르투갈 바다에 세운 '펠라미스(Pelamis)' 이다.

펠라미스 파력발전설비는 KTX 열차 1량 정도 크기의 원통형 실린더 4개가 서로 연결돼 바다의 수면에서 뱀처럼 움직이며 발전하는 형태이다. 파도가 치면 각각의 실린더가 움직이고 이 힘으로 실린더의 연결 부분에 있는 피스톤을 밀고 당겨 전기를 발생하는 원리이다.

:: 제주 파력발전소

제주도 서쪽 차귀도와 비양도 사이 바다에 파도의 힘으로 전기를 만드는 파력 (波力) 발전소가 건설될 예정이다. 이미 2006년 시험발전을 마쳤고 500kW급 발전기 제작에 들어갔다. 2012년부터 시험가동에 들어가 2013년부터는 본격적인 상용 발전을 한다는 계획이다.

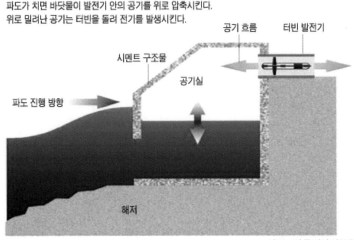

제주도 파력발전소 원리
파도가 치면 바닷물이 발전기 안의 공기를 위로 압축시킨다.
위로 밀려난 공기는 터빈을 돌려 전기를 발생시킨다.

자료 : 한국해양연구원

::해양 온도차 발전

바닷물의 표층과 심층간의 온도차를 이용하여 발전하는 방식이다. 표층의 더운 온수로 암모니아, 프레온 등의 끓는 점이 낮은 매체를 증발시킨 후 심층의 차가운 냉각수로 다시 응축시킨다. 그리고 온수와 냉수의 압력차를 이용하여 터빈을 돌려 발전하는 방식이다. 해양 온도차 발전의 개념은 1881년 프랑스에서 최초로 제안된 이후 세계 각국에서 산발적으로 연구와 실험을 하였다. 그러나 기술상의 어려움으로 아직까지도 연구단계에 머물러 있다. 그러나 1973년 1차 석유파동 이후 다시 연구가 시작되었으며, 지금은 미국, 일본 등지에서 소규모 해상실험이 실시되고 있다. 우리나라 근해에도 아열대 근원의 쿠로시오 해류가 남해안과 동해안을 스쳐 지나감으로 해양 온도차 발전에 있어서 유리한 조건을 갖추고 있다. 이 해양 온도차 발전을 지속적으로 할 수 있는 소재가 개발되고, 상용화가 될 수만 있다면 가장 이상적인 해양에너지의 이용 방법이 될 것이다. 왜냐하면 발전기(發電機)에서 가장 중요하게 요구되는 기능이 연속성(連續性)이다. 발전기는 기계의 고장이 없는 한 연속적으로 전기를 생산하여 공급하여야 한다. 조류발전이나 조력발전은 조류의 흐름이나 조차가 없으면 발전을 할 수가 없다. 그리고 파력발전은 적당한 파도가 연속적으로 있어야 발전이 가능하다. 이런 면에서 해양 온도차 발전이 개발되고 상용화 된다면 지속적으로 전력을 생산하여 공급하는 기능을 가장 이상적으로 수행할 수 있을 것이다.

조력발전소의 건설

건설 대장정

2004년 12월 세계 최대 규모의 시화호 조력발전소 건설공사가 착공되었다. 국내에서는 처음으로 건설되는 조력발전소를 2010년 12월까지 만 6년의 공사기간 동안에 마무리한다는 원대한 목표를 세우고 대장정의 첫발을 내딛게 되었다.

▲ 시화호 조력발전소 건설 현장 출입구

시화호 조력발전소 건설이 착공되기까지 그동안의 준비 과정 또한 만만하지 않았다. 정부의 정책이 바뀐 2000년 12월부터 공사가 착공된 2004년 12월까지 만 4년간은 국내 최초의 조력발전소 건설을 위한 준비기간으로 결코 넉넉한 시간이 아니었다.

'우리나라에서는 아직 경제성이 없다'는 조력발전소 건설을 과연 K-water(한국수자원공사)가 해야 할 것인가? 말아야 할 것인가? 를 두고 정확한 의사결정을 위해 약 10개월간의 재검토 시간이 소요되었다. 결국 K-water는 지금 당장의 사업성은 미흡하지만 장기적인 전략으로 자체자금 3500억 원을 투자하기로 2001년 11월 회사의 내부 방침을 결정하였다. 이 결정 이후부터 조력발전소 건설공사가 착공되기까지 3년이란 기간 동안은 정말 정신없이 바쁜 시간이었다. 현장조사, 측량, 설계, 발주, 시공사 선정, 계약까지 이 모든 것을 이 기간에 모두 마쳤다. 시화호 수질의 항구적인 개선 대책이었기에 잠시도 지체할 수가 없었다. 그리고 국내에서는 최초로 무공해 청정에너지인 조력에너지가 개발된다는 기대감으로 정말 바쁘게 달려온 시간이었다.

시화호 조력발전소 건설사업의 시공사는 국내·외적으로 충분한 능력과 기술이 입증된 대우건설 컨소시엄(대우건설, 삼성물산, 신동아종합건설, 대보건설)이 선정되었다. 세계 최신의 명품 조력발전소를 건설하기 위한 이들의 아낌없는 열정이 시작된 것이다.

:: 임시 물막이 공사

임시 물막이 공사는 말 그대로 임시로 바닷물을 막아서 해저 26.5m 바닥 암반에서부터 조력발전소 구조물을 구축하기 위한 가

▲ 2005년초 임시 물막이 공사가 진행 중인 현장 전경

물막이 공사이다. 시화호 조력발전소 건설공사에서 가장 먼저 시행되었고, 가장 중요한 공정이었다. 바닷물 속 바닥에 엄청나게 넓은 조력발전소 건설 작업 공간(ⓒ;축구장 12배 면적)을 안전하게 확보하여야 했다. 그리고 건설공사 시작부터 시공이 끝나고 임시 물막이를 해체하는 순간까지 약 6년간 서해바다의 거센 파도와 조수간만의 차를 막아 주어야 하는 정말 중요하고 힘든 공사였다. 공사 도중에 임시물막이 사이로 바닷물이 누수되어 건설 현장이 침수라도된다면 정말 큰 낭패가 아닐 수 없기 때문이었다.

위 사진은 시화호 조력발전소 건설 초창기인 2005년 5월 기존의 시화 방조제의 중간쯤에 위치한 '작은가리섬(ⓐ)'을 D자 모양으로 임시 물막이 공사가 진행 중인 사진이다. 건너편에 보이는 섬이 '큰가리섬(ⓑ)'으로 옛날부터 이 지역에는 두 개의 섬이 나란히 있다 하여

'쌍섬 지역'이라 불리었고, 섬의 모양이 둘 다 가리비 조개처럼 생겼다하여 큰가리섬, 작은가리섬이라 불리어 왔다.

시화호 조력발전소 건설공사에서는 몇 가지 임시 물막이 공법 중 원형셀식 가물막이 공법을 적용했다. 원형셀공법을 적용한 이유는 이중강널말뚝, 사석경사식 등 타 공법에 비해 시공 및 해체 시 토사 유출량을 최소로 줄일 수 있어 가장 환경 친화적 공법으로 검토되었기 때문이다.

:: 원형셀 임시 물막이 공법 소개

▲ 원형 셀 현장 정위치 거치 및 정밀 시공 광경

원형 셀(Circular Cell) 임시 물막이 공법은 강재 파일 (Flat sheet

pile)을 원형과 아크(Arc)형, 두 가지 타입으로 형틀(Template)을 만든다. 그리고 임시 가조립하여 제작한 후 현장으로 옮겨서 정확한 위치에 거치하고, 진동항타기(Vibro-hammer)를 이용하여 바다 속으로 깊숙이 강재 파일을 하나씩 깊이 박으면서 둥글게 연결시키면 빈 원통모양(직경 약 20m)의 원형 셀이 완성된다. 그 원통 속에 모래를 채우고 원형 셀 사이에는 아크 셀로 보강하여 해수를 차단하는 방법이 원형 셀 임시 물막이 공법이다.

원형 셀 임시 물막이 공법은 국내에서는 서해대교 주탑 교각 기초공사 현장에서 최초로 사용한 실적이 있다. 서해대교 공사에서는 육상에서 원형 셀을 제작하여 해상으로 운반하고 정위치를 정하여 거치하는 방법을 적용하였다. 그러나 서해대교 공사에서 해상운반이 생각보다 상당히 어렵다는 것을 알게 되었고, 시화호 조력발전소는 이 점을 개선하기로 하였다. 이곳 시화호 조력발전소 건설 현장에서는 강재 파일을 하나씩, 하나씩 현장에서 직접 타설하여 시공하는 방법을 시도했다. 이 방식 또한 상당히 정밀 작업을 요구 하였고, 서해 바다의 거센 풍랑은 이 작업의 정밀도를 기준 오차 범위에서 자주 벗어나게 했다.

임시 물막이 원형 셀(직경 20.382m) 29개와 사이 사이에 아크 셀(직경 4.12m) 28개를 전부 설치하는데만 꼬박 10개월(2005. 5. 3 ~ 2006. 2. 14) 이 소요되었으니, 2005년은 시화호 조력발전소 건설 현장에서 임시 물막이공사만 하였다고 해도 과언이 아니다.

아래 사진은 원형 셀과 아크 셀 내부에 모래로 속 채움을 하고 있는 사진이다. 투입된 모래 양만 228,654m³ 정도로 엄청난 양이며, 나중에 조력발전소의 구조물 공사가 끝나고 임시 물막이를 제거하면서 이 모래는 회수하여 재활용할 계획이다.

▲ 임시물막이 원형 셀 내부에 모래 속 채움 광경

▲ 원형 셀과 아크 셀로 임시 물막이 한 건설현장 전경 사진

앞쪽 사진은 서해바다 쪽에 29개의 원형 셀과 28개의 아크 셀로 둘러싸인 시화호 조력발전소 건설 현장의 전경 항공사진이다. 사진의 윗부분은 시화호의 잔잔한 호수 물결이며, 아래 부분의 검푸른 색이 서해바다 쪽이다. 이 임시 물막이가 세계적으로 조수간만의 차가 심한 지역으로 알려진 서해 바다의 풍랑과 싸우며 지난 6년간 시화호 조력발전소 건설 현장을 지켜 주었다.

원형 셀 임시물막이로 둘러싸인 조력발전소 건설 현장의 작업공간의 넓이는 13만 8천m²로 축구 경기장 12개 정도의 넓이에 해당하는 면적이다. 깊이는 12층 아파트 높이에 해당되는 약 34.5m 정도 바닷물 속 아래로 깊숙이 굴착하여 내려가 조력발전소의 기초부터 다져 토목구조물을 구축하여야 하는 어려운 건설 현장이었다.

:: 국내 2개소 시공사례 비교

다음 쪽 사진은 임시물막이 원형 셀의 시공 방법 중에서 작업 방법에 차이가 있는 국내 2개소 시공 현장을 보여 주고자 한다. 시화호 조력발전소 건설공사 중 가장 중요하고, 가장 어려운 공사인 임시물막이 공사를 위해 국내외에서 유사한 시공을 마친 현장을 직접 방문하였다. 거기서 원형 셀 임시물막이 공사의 문제점을 사전에 조사하고 시공하기 전에 모든 예상 문제점을 보완하였다. 서해대교 주탑 교각 설치 현장은 대형 구조물을 미리 조립하여 해상으로 운반하였기에 상당한 어려움을 겪었다. 이곳 시화호 조력발전소 건설 현장은 파일을 하나씩 조립하면서 시공하는 것이 어려운 점 이 었다.

구분	서해대교 현장	시화호 조력발전소 현장
시공방법	육상에서 조립 후 해상으로 운반하여 거치, 항타	육상에서 제작 해상 정위치에서 거치, 항타
전경사진		
특징	· 대규모 조립 틀 제작 · 대형 해상크레인 필요 · 고소작업으로 안전사고 위험 · 정위치 Cell 거치에 시간 소요 · 펌프선을 이용한 모래 속 채움으로 혼탁 수 유출 과다 발생	· Self Elevated Platform Barge 를 이용하여 조립 틀 설치, 해체하는 방법 채택 · Cell 가물막이에서 가장 어려운 해상에서 정 위치와 초기 고정 문제 해결 · 콘베이어 벨트를 이용하여 오탁수 발생을 억제하며, 편심 발생 배제

그래서 해수면에서 해저면 바닥까지 고정 시킬 수 있는 특수 장비(Self Elevated Plate Barge)를 개발하여 정밀 시공을 하였다. 그 결과 큰 실패 사례 없이, 단 한 건의 안전사고도 없이 정말 어려

운 공사를 성공적으로 마무리 할 수 있었다. 특히 이 원형 셀 해상 거치공법을 성공적으로 마무리하기 위해 개발한 장비와 시공방법에 관련해서는 특허 등록까지도 마친 상태다.

▲ 원형 셀이 작업도중 심한 풍랑으로 넘어짐

▲ 임시 물막이 공사를 끝낸 현장에서 본 인천 송도 신도시 전경

앞쪽 사진은 원형 셀(⑬번)이 시공 도중 서해바다의 심한 풍랑으로 넘어진 모습과 원형 셀 임시물막이 공사가 완료되어 바닷물이 차단된 건설 현장의 모습을 보여 주고 있는데, 변화무쌍한 이 지역의 날씨를 사진으로 느낄 수 있을 것이다.

사진을 자세히 보면 원형 셀마다 번호판을 부착하여 11번, 12번, 13번… 원형 셀이라 부르고 매일 매일 원형 셀의 누수여부와 변형 상태를 관리하였다. 원형 셀 사이 사이마다 아크 셀이 보이는데, 얼핏 보면 아크 셀은 보이지 않고, 멀리 인천광역시의 송도 신도시만 보일지도 모른다.

이곳 시화호 조력발전소는 인천 송도 신도시에서 직선거리로 약 10 km 남쪽에 위치하고 있다. 정확한 위치 소재지는 경기도 안산시 단원구 대부북동 작은가리섬이다. 이곳 작은가리섬에서 저 푸른 서해바다만 바라보며 지난 6년간 조력발전소 건설에 매진한 우리 모두는 섬이 아닌 섬에서 생활을 한 셈이다.

이 원형 셀 임시물막이 설치공사를 위해 맨 처음 시행했던 해저 지반 탐사부터 측량, 설계, 시공 상의 실패사례와 공사기간 중 원형 셀 유지관리과 철거과정에 관한 내용은 별도의 보고서로 상세히 기록을 남겼다. 향후 우리나라 서해바다의 해양 구조물 구축공사에 많은 참고가 될 것이다.

:: 배수 작업

이곳 작은가리섬을 앞뒤 좌우로 에워싸는 임시물막이 공사가 끝났다. 서해바다 쪽은 원형 셀 방식으로 완전히 막았고, 시화호수 쪽은 기존의 방조제를 활용하여, 시트 파일(sheet pile) 방식으로 보강하였다. 이제 시화호 조력발전소의 기초를 다질 바닥면적과 작업을 위한 공간이 확보되었다.

▲ 임시 물막이 설치 후 배수 작업 광경

서해바다와는 완전히 차단되었고, 이제 이 물을 퍼내고 아래로 굴착해 내려가야 한다. 이 물을 퍼내기 위해 약 한 달 동안 배수 작업을 실시하였다. 앞쪽의 두 사진은 사진은 처음 배수 작업을 시작하고 촬영한 것과 일주일 후에 찍은 사진인데, 멀리서 보기에는 별반 차이가 없어 보인다.

:: 기초 굴착 작업

▲ 조력발전소 기초 굴착 광경

임시물막이 내부에 저류되었던 바닷물의 배수 작업이 완료되었고, 작은가리섬의 언저리 바닥이 나타났다. 이제부터는 이 단단한 바위섬을 굴착하면서 파내려가야 했다. 시화호 조력발전소의 기초

공사를 위해 바다 수면보다 약 26.5m 아래로 작은가리섬의 암반을 깨뜨리며 굴착해 내려갔다. 이 굴착작업에서 발생한 엄청난 골재는 조력발전소 주변에 약 2만평 규모의 '체험광장' 조성에 활용하였다. 앞쪽 사진과 같은 견고한 바위섬에 세계 최대 규모의 조력발전소 토목구조물이 자리를 틀고 안주한 것이다.

:: 기초 암반 청소

이제 시화호 조력발전소가 오랜 세월 눌러 앉아 있을 기초 바닥의 암반까지 굴착해 내려왔다. 암반과 기초 콘크리트 사이의 이물질을 없애고 완전한 접합을 위하여 사람의 손으로 일일이 암반의 표면을 깨끗이 물청소 하였다. 바위 암반과 기초 콘크리트 접합면에

▲ 조력발전소 기초 암반 물청소

갯벌의 진흙이나 모래 등 이물질을 깨끗이 제거하는 작업이었다.

단단한 바위에도 빗물이 스며들어 가는 틈이 있고, 빗물이 바위 틈을 통과하여 지하에 지하암반수가 고이기도 하지만 암반 바닥과 기초 콘크리트의 완전한 접합을 위해 암반을 깨끗이 물청소하여 이 물질을 닦아내었고 기초 콘크리트를 타설하기 시작하였다.

:: 발전소와 배수 수문 구조물 구축공사

다음 페이지 사진은 조력발전소의 발전기 10대가 나란히 앉을 발전소 바닥부분의 기초 콘크리트 타설 공사가 진행 중인 사진이다. 멀리 보이는 크레인의 위치는 8개의 새로운 배수수문이 설치될 위치이다. 이 전체 면적이 축구 경기장 12개에 해당하는 면적이며, 바다 밑으로 26.5m 아래에서 조성한 건설 현장이다. 사진을 자세히 보면 건설 현장 전체의 규모를 눈으로 실감할 수 있을 것이다.

사진 두 장의 촬영일자는 불과 6일간의 시차이다. 정말 하루하루가 다르게 공사가 순조롭게 진행되었다. 이렇게 차근차근 34.5m (아파트 약 12층 높이)를 정확한 내부시설물의 배치도면에 따라 철근의 굵기와 모양을 달리하며 차분히 토목구조물 공사가 진행되었다.

▲ 조력발전소 기초 조성 전경

　다음쪽 사진은 세계 최대 조력발전소의 웅장한 모양이 만들어진 모습이다. 전체의 길이는 500m 정도이며, 멀리 보이는 것이 배수 수문구조물이고, 사진 가까이 보이는 것이 조력발전기 1호기, 2호기이며 멀리 10호기까지 2대씩 블록 별로 타설하였다.

　이제 조력발전소의 토목 구조물 구축공사는 모두 끝났다. 그동안 시화방조제로 다니던 차량들을 조력발전소 구조물 상부에 새로 만든 영구 도로(道路)로 노선을 변경하여 통행을 유도하였다. 이제부터는 조력발전소 구조물 밑으로 바닷물이 유통하면서 조력발전을 할 수 있도록 그동안 도로와 임시 물막이 역할을 하였던 방조제 구

간과 서해 바다를 막고서 건설 현장을 지켜온 원형 셀 임시 물막이를 철거하여야 했다.

:: 임시 물막이 철거 공사

▲ 임시물막이와 도로 역할을 하였던 기존 방조제 철거 전경

이제 조력발전소 건설의 마지막 단계인 임시물막이의 철거 공사가 시작되었다. 지난 6년간 바닷물 밑에서 작업하기 위하여 임시로 막아 두었던 물막이를 조심스럽게 제거하여 바닷물이 조력발전소 구조물 밑으로 통과해서 호수로 유통될 수 있도록 하여야 했다. 작업 순서는 먼저 임시 물막이로 에워 쌓였던 건설현장에 다시 물을

채웠다. 3단계로 나누어 약 100만 톤의 물을 단계별로 채우는 충수 작업은 토목구조물 내부인 조력발전소 실내 벽체에 누수(漏水)여부를 확인하고 보완하면서 약 70일에 걸쳐 천천히 물을 채웠다. 2011년 4월 임시 물막이가 철거되었고 해수가 유통되면서 조력발전기의 유수시험(有水試驗)이 시작되었다.

유수시험이란 바닷물을 흘려 발전기를 가동하고 전기를 생산하면서 성능을 테스트 하는 시험이다.

▲ 기존 방조제가 철거되고 해수가 유통되고 있는 전경

발전 설비

:: 수차발전기 정치식

▲ 수차발전기 정치식 행사

2009년 11월 4일 시화호 조력발전소 수차발전기 정치식 행사는 이 지역 주민들과 귀빈들을 모시고 성대히 거행되었다. '수차발전기 정치식(定置式)'은 조력발전소의 발전설비들을 정확한 위치에 맞추어 설치하는 시작을 기념하는 행사를 뜻한다. 이날 참석자들의 많은 덕담과 격려사가 이어졌다. '국내 최초, 세계 최대 규모인 조력발전소의 성공적인 준공을 기원합니다.' '명품 조력발전소를 만들어 이 지역에 멋진 볼거리를 만들어주십시오.' '녹색성장 청정에너지 개발을 선도하는 시화호 조력발전소' 등등 그동안 늘 푸른 서해바다만 바라보며 시화호 조력발전소 건설에 매진해 왔던 건설역군들 눈에는 '이젠 모든 것이 푸르게만 보인다.' 고 했다. 이날 행사는 이들의 노고에 조금이나마 격려가 되었다.

수차발전기 정치는 조력발전설비의 엄청난 규모에 비해 매우 정밀한 작업이다. 조력발전기의 기기(器機) 하나하나의 무게가 보통 100톤을 초과하고, 직경이 10m 내외의 각종 설비들을 불과 몇 mm 오차범위 내에서 조립하여 설치해야 하는 정밀한 작업이다. 전문가가 아닌 사람들은 발전기 1대를 정치하는데 많은 시간이 소요되는 것을 이해하지 못한다. 어린이 장난감 블록(Block)을 맞추듯 뚝딱뚝딱 끼워 맞추면 되는 것으로 생각한다. 앞으로 삼십년 이상을 사용할 발전기의 성능은 발전설비들을 얼마나 정밀하게 정치하느냐에 좌우된다. 대충 끼워 맞추면 발전기는 소음과 진동이 심하여 수명이 단축되고 고장의 원인이 된다. 조력발전기의 효율도 떨어져 매일매일 생산되는 전기량도 감소한다. 결과적으로 모든 것이 좋지 않

다는 것이다. 그래서 정성을 다하여 정밀하게 조립하고 설치하는
것이다. 앞쪽 정치식 사진에 보이는 노란색 크레인으로 조력발전기
10대를 모두 운반하여 설치하였다. 그리고 앞으로 발전설비의 유지
보수 시에도 가끔 사용하게 될 겐트리크레인(Gantry Crane)이다.
크레인의 용량을 150톤으로 결정하였는데, 이는 제일 무거운 발전
설비 하나의 무게가 135톤이나 되는 장치가 있었기 때문이다. 그리
고 발전기의 진동과 소음을 저감시키고 효율을 높이기 위해서는 대
형 회전체를 하나하나씩 무게의 중심을 잡고, 균형(balance)을 맞
추며 정밀하게 설치하여야 했다. 이는 자동차의 타이어 교환 시 하
는 휠 밸런스(wheel balance)와 같은 이치로서, 향후 조력발전기의
전반적인 성능과 효율을 결정하게 되는 주요 요인이기에 정밀하게
작업을 수행하였다.

:: 수차발전기 사양

시화호 조력발전소에는 다음 쪽 그림과 같은 대용량 조력발전기
10대를 나란히 설치하였다. 발전기 1대당 출력이 2만5천400kW 이
고, 발전기 10대를 모두 가동하게 되면 25만4천kW의 출력을 낼 수
있다. 이는 세계 최대 규모의 조력발전소 시설용량이다. 지금까지는
프랑스의 랑스(Rance) 조력발전소가 시설용량 24만kW로 세계 최
초, 세계 최대라는 타이틀을 가지고 있었다.

▲ 시화호 조력발전소 수차발전기 모형도

시화호 조력발전기는 최대낙차(조차) 7.5m, 정격낙차 5.82m로 설계되었고, 돌아가는 정격회전수는 64 rpm 인 동기발전기(同期發電機)이다. 동기발전기란 한자 표현 그대로 돌아가는 속도가 항상 일정한 발전기이다. 64 rpm이란 1분에 64바퀴를 회전한다는 뜻으로, 대략 1초에 한 바퀴쯤 돌아간다고 생각하면 이해가 쉬울 것 같다. 회전수를 일정하게 조절하기 위해서는 조속기(調速機)란 설비가 필요하다. 조속기의 역할은 발전기가 1분에 64바퀴보다 빨리 돌아가게 되면 바닷물을 적게 흐르게 하여 회전수를 늦춰주고, 늦게 돌아가면 반대로 바닷물을 많이 흐르게 하여 발전기 회전수를 높여주면서 회전수를 일정하게 조정한다.

시화호 조력발전소의 발전기는 의도적으로 천천히 돌아가도록 자극(pole)을 많이 부착하였기 때문에 발전기 1대당 가격은 조금 높아졌지만 발전 중에도 물고기가 다치지 않고 비켜 다닐 수 있도록 설계하였다. 이는 시화호 조력발전기를 처음부터 환경 친화적으로 만들려고 노력한 흔적이다.

또, 그림에서 21번을 런너(Runner)라고 한다. 일반적으로 수차발전기의 런너는 날개가 4장이지만 시화호 조력발전기는 날개를 3장으로 설계하여, 발전 중에도 물고기가 이동할 수 있는 날개의 틈새(공간)를 넓게 만들었고, 회전수도 의도적으로 천천히 돌아가도록 만들었다.

런너(프로펠러)의 무게는 53톤이고, 그림에서 20번인 수차축의 무게가 54톤, 그림에서 8번인 회전자(Rotor)의 무게는 102톤이다. 이들은 모두 돌아가는 회전체(回轉體)로서, 이들 회전체 무게를 모두 합치면 무려 209톤이다. 이 엄청난 무게의 큰 회전물체가 바닷물의 힘(밀물)만으로 돌아가는 것이다. 시화호 조력발전기 1대의 전체 무게는 약 800톤 가량으로 발전기 1대당의 무게나 규모면에서도 세계 최대 용량을 자랑한다.

:: 수차 (런너; Runner) 설치

수차(프로펠러)를 영문표기로 런너(Runner)라고 한다. 달리는 주자(走者;runner)라는 뜻을 가진 열심히 움직이는 회전체로 조력발전기를 돌려주는 원동기(터빈; turbine)이다. 높은 곳의 물이 낮은 곳으로 흘러가는 에너지(힘)를 기계적 에너지로 바꾸어 발전기를 돌려주는 장치이다.

일반적으로 수력발전소에 사용하는 수차의 종류에는 여러 가지가 있다. 수력발전소가 설치되는 위치와 여건에 따라 수차의 종류가 결정된다. 일반적으로 높은 낙차를 가지고 있고, 사용하는 물의

▲ 시화호 조력발전소 벌브(Bulb) 수차 전경

양이 적으면 펠톤(Pelton)수차를 채택한다. 중낙차에서는 프란시스 (Francis) 수차를 많이 적용하고 시화호 조력발전소와 같이 저(低) 낙차이면서 사용할 수 있는 수량(바닷물)이 풍부한 경우에는 벌브 (Bulb) 수차를 대부분 사용하게 된다.

앞쪽의 사진은 2010년 11월, 설치가 완료된 제5호기 벌브(Bulb) 수차의 외관 상태를 점검하던 중에 찍었던 사진이다. 영원히 기념 될 추억속의 사진이 되어 버렸다. 한 달 뒤인 2010년 12월에 모든 공사가 끝나고 바닷물을 다시 채우면서 이 수차설비들이 모두 바닷물 속으로 잠겨 버렸기에 이제 이 설비들은 모두 물속에서 조용히 돌아가면서 물 밖으로는 이러한 수차의 모습을 보여 줄 수가 없게 되어버린 것이다.

사진에서 수차의 중심축(ⓐ)은 EL.(해발표고) -13m 에 맞추어 설치되었다. 바닷물 수면에서 13m 아래에 중심을 두고 1분에 64바퀴 돌아가고 있다. 사진에서 흰 장갑을 끼고 있는 사람이 필자이고, 필자의 키가 한국인의 평균 신장은 되므로, 시화호 조력발전소의 벌브(Bulb)수차 1대의 크기(직경: 7.5m)를 미루어 짐작할 수 있을 것이다.

수차 바깥쪽 둘레에 원통 모양의 링을 디스차지 링(Discharge Ring) 이라고 한다. 바닷물이 수차발전기를 통과하여 지나가는 통로 중에서 유속이 가장 빠른 곳이다. 수차의 날개와 외벽 모양인 디스차지 링과는 얼핏 보기에 간극(間隙)이 없이 용접된 것처럼 보이지만, 상하좌우로 정확히 4mm의 작은 틈새를 두고 회전하고 있는 프로펠러이다.

또한, 수차의 날개(3장)도 조수간만의 차(낙차)의 변화에 따라 날개 각도를 변화시키며, 엄청난 속도 에너지를 하나도 남김없이 흡수하여 이용하고 있다. 이것이 진화를 거듭해온 유체기계공학 기술의 현주소이며, 조력발전기의 수차 효율은 대부분 여기에서 결정된다.

▲ 유량조절 게이트의 닫힘과 열림 상태 비교 사진

위의 왼쪽 사진은 2010년 5월 미국 CNN 뉴스 방송국에서 시화호 조력발전소 건설 모습을 취재할 당시에 찍은 사진이다. 뒤로 보이는 유량조절 게이트(Wicket Gate)가 꼭 닫혀 있는 모양이다. 오른쪽 사진은 유량조절 게이트가 활짝 열린 상태이고, 햇살이 비치는 쪽이 서해바다 쪽이다. 서해바다 쪽 해수면의 수위가 높아지면 저 틈으로 밀물이 들어오며 수차가 돌아가고 발전을 하는 것이다.

조력발전기 1대를 통과하는 바닷물은 초당 약 500 톤(m3)이고, 하루에 약 9시간 정도 발전을 한다. 2011년 하반기부터 정상적으로 조력발전기 10대를 모두 가동하게 되면, 시화호에 저장된 물의 절반 정도인 약 1억6천만 톤에 해당하는 바닷물이 조력발전기를 통해 시화호로 유통할 수 있게 된다. 그렇게 되면 시화호의 수질은 서해 바닷물 수준으로 서서히 개선되어 갈 것이다.

:: 회전자 (回轉子; Rotor) 설치

▲ 회전자 설치 과정 사진

회전자(回轉子) 역시 영문으로는 Rotor의 뜻 그대로 빙글빙글 돌아가는 원통 모양의 회전체이다. 앞장에서 다루었던 Bulb수차(프로펠러)와 축(軸)으로 연결되어 있어 바닷물의 힘으로 수차가 돌게 되면 회전자도 같이 돌아가게 된다.

앞쪽 사진은 '조력발전소 수차발전기 정치식' 행사 당시에 촬영한 사진에서 노란 겐트리 크레인에 매달려 있던 회전자가 그대로 내려와 벌브 수차와 결합하기 위해 준비하고 있는 장면이다. 앞 페이지 '정치식' 사진에서는 회전자의 크기가 그렇게 웅장해 보이지 않았지만, 실제로 회전자의 직경은 7.6m 이고, 벌브 수차보다 직경이 더 크며, 무게는 102톤으로 수차발전 설비 중 세 번째로 무거운 중량물이다.

사진에서 보면 회전자의 중심에서 2시 방향으로 전선(ⓐ) 4가닥이 배선되어 있다. 돌아가는 회전체에 전기를 공급하는 장치인 브러쉬(Brush)를 통하여 저 4가닥 전선으로 직류전원(DC)의 전기를 공급한다. 그러면 붉은색 회전자 테두리에 부착된 자극 코일(coil)은 모두 전자석(電磁石)으로 변한다.

회전자 바깥 테두리로 흰색 점선처럼 보이는 것들이 자극들을 연결하는 전기 터미널이다. N극 56개, S극 56개, 전부 112개의 전자석이 회전자 둘레에 부착되어 1분에 64바퀴 돌아가면서 전기를 발생하게 된다.

발전기가 돌아가는 정격회전수와 전자석의 극수와의 관계는 아래와 같은 관계식이 성립한다.

N (정격회전수) × P (자극의 수) = 120 × f (주파수)

시화호 조력발전소 발전기의 경우 정격회전수(N)는 64rpm 이고, 전자석의 극수(P)는 112개 이다. 우리나라 전력 계통의 주파수(f) 60 Hz 에 맞추어 설계하였는데, 의도적으로 전자석을 많이 부착하여 정격회전수를 줄여 가능한 천천히 돌아가도록 친환경적으로 설계한 것이다.

▲ 조력발전기 회전자 정치 장면

위 사진은 제1호 조력발전기의 회전자가 지상에서 조립되어 겐트리 크레인으로 운반되어 내려와 수차 축에 정치되고 있는 장면이다. 멀리서 촬영하여 작업하고 있는 근로자들과 회전자의 크기를 상대적으로 비교 짐작 할 수 있게 하였다.

발전기(發電機)란 모두 저렇게 생긴 회전자(자석)를 코일(coil;고정자)속에서 돌려 전기를 생산하는 것이다. 원자력과 화력은 물을 끓인 스팀(steam)의 힘으로, 수력과 조력은 낙차를 가진 물의 힘으로, 풍력은 바람의 힘으로 회전자를 돌려 전력을 생산한다.

:: 고정자 (固定子; Stator) 설치

▲ 조력발전기 고정자(stator) 설치

앞쪽 사진은 앞 페이지에서 설명한 제1호 발전기의 회전자 (rotor)의 바깥으로 고정자를 설치하고 있는 장면이다. 고정자는 전기가 생산되어 나오는 코일(coil)이며, 조력발전기의 외함과 같이 붙박이로 만들어져 고정되는 장치이다. 고정자의 무게는 119톤이고, 직경은 8.2m 이며 발전설비 중 두 번째로 무거운 중량물이다. 고정자 속에서 돌아가는 회전자와는 상하좌우로 1cm (10mm)의 틈새를 두고 정밀하게 삽입하여 고정하였다.

발전기의 원리를 요약해 보면 고정자(stator)는 바깥의 코일이고, 회전자(rotor)는 커다란 자석(전기로 만든 전자석)이며 코일 속에서 자석이 돌아가면 코일에 전류가 흐르기 시작하고 전기가 발생하는 것이다. 이것이 플레밍의 오른손과 왼손 법칙(Fleming's rule)인데, 발전기는 오른손 법칙이며, 전동기(電動機;모터)는 왼손 법칙으로 해설하고 있다.

수문 설비

:: 배수 수문 설치

▲ 배수 수문 설치 작업 광경

시화호 조력발전소는 시화호의 수질 개선을 최우선 목적으로 건설되었다. 때문에 위 사진과 같은 웅장한 수문을 새로 건설하여 정기적으로 바닷물을 유통시키면서 시화호의 수질을 개선하고자 하였다. 그리고 부가적으로 조력 발전기를 설치하여 무공해 청정 전력(電力)에너지를 생산함으로서 일석이조(一石二鳥)의 효과를 기대하며 건설하였다.

2000년 12월 정부(환경부)는 점점 수질이 나빠지고 있는 시화호의 수질을 근본적으로 개선하기 위해 시화호의 물을 담수(淡水)에서 해수(海水)로 변경하기로 결정하였다. 따라서 바닷물을 다시 시화호수내로 매일 정기적으로 유출·입시키면서 시화호의 수질을 바닷물 수준까지 개선하고자 하는 것이었다.

그러나 2001년 그 당시의 분위기는 앞쪽 사진과 같은 새로운 배수 수문과 조력발전소를 함께 건설하는 것이 몹시 부담스러웠다. 그 이유는 당시의 통념상으로 조력발전사업은 경제성이 없었으며, 만일 조력발전소를 함께 건설하게 되면 공사기간이 아무래도 5년 이상은 더 길어져 시화호의 근원적인 수질 개선이 그 만큼 늦어지기 때문이었다.

사진은 배수수문의 설치공사가 한창이었던 2010년 5월에 촬영한 것이다. 시화호 조력발전소의 건설을 제외하고 새로운 배수 수문 공사만 하였다면 '저 수문들은 벌써 준공되어 지금은 매일 두 차례씩 정기적으로 가동 중에 있을 텐데' 하는 생각을 하면서 촬영하였다.

배수수문을 동작하는 방법은 썰물 때 바다 수면이 낮아지기 시작하여 해발표고(EL.) - 1m 쯤으로 내려갔을 때, 배수수문을 위로 완전히 끌어 올려 시화호의 물을 바다로 배수시킨다. 왜냐하면 시화호의 평상시 관리 수위가 EL. -1m 이기 때문인데, 서해바다와 시화호의 수위가 같아지는(수위차가 없는) 이때가 가장 적은 힘(전력)

으로 배수 수문을 동작시킬 수 있기 때문이다.

그리고 시화호의 물을 충분히 배수시키고 시화호의 수위가 낮아지게 되면, 배수수문을 닫고, 밀물 때를 기다린다. 밀물 때가 되어 서해바다의 물이 시화호수 쪽으로 밀려오면 조력발전기를 통해 발전을 시작하면서 비워져 있는 시화호에 바닷물을 들여보내는 일련의 과정을 매일 두 차례 정기적으로 수행하고 있다.

: : 흡출관(Draft Tube) 설치

흡출관(Draft Tube)이란 조력발전기가 가동 중인 상태에서 수차(프로펠러) 출구측(바닷물의 속도가 가장 빠른 곳)의 유속을 서서히 감소시키는 곳이다. 여기서 속도수두(에너지)를 대량 회수함으로써 수차 효율을 증가시키기 위한 철재 관을 말한다.

흡출관의 또 다른 기능으로는 바닷물의 유속이 가장 빠른 부위의 콘크리트 구조물 표면 침식을 보호하기 위한 철재 강관구조물(라이너; Liner)을 설치하는 것이다.

다음 쪽 사진은 시화호 조력발전기 10대중 마지막으로 10호기의 흡출관이 설치되고 있는 광경이다.

▲ 흡출관 라이너 설치 광경

이 흡출관을 통하여 조력발전기의 수차를 돌려준 바닷물이 시화호로 유입되는 것이다. 조력발전기 1대가 최대로 발전 중 일 때에 흡출관을 통하여 초당 482톤의 바닷물이 유입된다. 시화호 조력발전소에는 이런 흡출관이 전부 10대 설치되어 있다. 조력 발전기 10대를 전부 가동하게 되면 초당 약 5000톤의 바닷물이 시화호로 유입하게 되고, 시화호의 수질이 점차적으로 개선되어 갈 것이다.

참고로 서울특별시를 흐르는 한강의 유량이 평상시에는 초당 약 150톤 정도이다. 저 흡출관 1개의 ⅓정도의 물량 밖에 안 된다고 보면, 시화호 조력발전소의 바닷물 유통량이 어느 정도인지 짐작할 수 있을 것이다.

사진에서 흡출관 라이너의 가운데 십자형 지지대는 공장에서 제작하여 장거리 운송과 설치과정 동안에 철재 구조물(흡출관)의 변형을 방지하기 위한 임시 지지대이다. 이 흡출관도 역시 바닷물 속에 영구히 설치되는 철재 구조물로서 바닷물로부터 부식을 방지하기 위한 조치가 요구되었다. 따라서 철강재의 재질 선정과 전기방식 장치를 설치하는 것은 기본이었다. 이 흡출관은 공장(현대중공업)에서 4부분으로 나누어 제작되었다. 강관구조물의 부피가 너무 커서 육상 운반이 곤란하였기에 해상 운송(바지선)으로 실어와 시화호 조력발전소 건설 현장 임시 선착장에서 하역되었다.

이 흡출관 설치 공정의 어려운 점은 공장에서 정확하게 제작하여야 하고, 장거리 해상운송과정에서 구조물의 변형이 없어야 한다는 것이다. 그리고 현장에서 다시 하나의 구조물 모양으로 용접되어

▲ 흡출관 해상 운송 반입 광경

콘크리트 속에 매립되는 작업으로, 특히 용접 작업은 숙련된 기술자의 고품질 용접이음이 요구되는 까다로운 작업이었다.

:: 유량 조절게이트(Wicket Gate) 설치

▲ 유량조절 게이트 설치 모습

유량 조절게이트는 시화호 조력발전소 발전설비 중 가장 무거운 기계장치(mechanism)로서, 조립된 하나의 기계장치(매카니즘) 무게만 135톤이다. 위 사진은 권양용량 150톤의 겐트리 크레인이 135톤의 유량 조절게이트를 일으켜 세워, 설치될 위치로 이동하기 직전의 작업 사진이다. 이 유량 조절게이트는 명칭 그대로 조력 발전기의 원동기인 수차(프로펠라)를 돌려주면서 통과하는 바닷물의 유량을 조절하는 문비(門扉: gate)이다. 초당 최대 약 500톤(m^3)의 바닷물을 조절하여 많이 흐르게도 하고 적게 흐르게도 하며 완전히 차단하기도 한다.

　사진에서 가운데 하늘색 부분은 수차 축으로 연결되는 수차(프로펠라)가 설치되는 위치이다. 그 외곽으로 은빛 날개(ⓐ) 16장이 둥글게 부착되어 수평으로 닫혀 있는 모양이다. 16개의 날개들이 유압(油壓)의 힘으로 동시에 수직으로 열리면 16군데의 틈새가 생기면서 바닷물이 흐르고 수차(프로펠러)가 돌아가게 되는 것이다. 이 틈새의 열림 정도를 조작하여 흐르는 바닷물의 양(量)을 조절하고, 발전기의 회전수를 일정하게 유지시킨다. 시화호 조력발전기는 처음부터 64rpm 으로 설계되어 있어, 이 유량 조절게이트의 개도(開度;열린정도)를 미세하게 조작하여 발전기가 항상 1분에 64회전하도록 조절하고 있다.

송변전(送變電) 설비

:: 변압기(變壓器) 설치

▲ 시화호 조력발전소 주변압기 설치 광경

위 사진은 시화호 조력발전소 소내(所內)에 주변압기(主變壓器)를
설치하고 있는 광경이다. 이 변압기의 기능은 조력발전으로 만들어

진 전기를 발전소에서 약 12km 떨어진 한국전력공사 남시화 변전소로 전기를 보내기 위하여 전압을 높이는 역할을 한다. 시화호 조력발전기에서 처음 발생하는 전기의 전압(電壓)은 1만 볼트(V) 정도인데, 이 전압을 15배정도 승압(昇壓)하여 15만 4천 볼트(154kV)의 높은 표준전압으로 만든다.

전압을 높이는 이유는 같은 굵기의 전선으로 많은 전기를 보낼(송전) 수 있기 때문이다. 수돗물로 비유한다면 수도관에서 수압(水壓)을 높이는 것과 같다. 수압이 높으면 같은 굵기의 수도관으로 많은 양의 수돗물을 보낼 수 있는 것과 같은 이치이다. 또한, 전압을 높이면 송전(送電)중에 발생하는 전기 손실량을 많이 줄일 수 있어 전기이용의 효율 측면에서도 유리하다.

하지만 수도관에 수압이 높으면 수도관이 파열(破裂)되듯이 전선도 전압이 높아지면 절연(피복)이 파괴되어 여러 가지 전기사고를 유발할 수 있는 단점도 있다. 이러한 단점에도 불구하고 송전선로의 전압은 계속하여 높아만 가고 있다. 전기기술도 발달하였고 좋은 절연재료도 계속 개발되는 이유도 있겠지만, 우선 전압을 높이면 경제성이 좋아지기 때문이다. 같은 굵기의 전선으로 많은 전기를 송전할 수 있어 송전선의 주재료인 구리의 양이 절감되는 것이다. 이 변압기도 엄청난 중량물로 육상운송이 난해하여 이곳 건설현장까지 해상 운송하였다.

:: 고정자(固定子) 권선(捲線) 보호

고정자 권선(ⓐ;전선)은 조력발전기의 외함(外函;케이스)과 함께 만들어진 전선으로 고정자 속에서 돌아가는 전자석(電磁石;회전자)과의 상호 전자유도작용(플레밍의 오른손 법칙)에 의해 전기(電氣)가 처음 발생하여 흐르기 시작하는 코일(coil; 전선)이다.

▲ 조력발전기 고정자 권선

이 코일은 높은 전압(電壓)과 많은 전류(電流)가 흐르면서도 코일 간에 합선(合線)이 되지 않도록 전선과 전선 사이를 절연 성능이 좋은 재질의 테이프와 절연물질로 잘 처리하여 합선에 의한 사고를 억제할 수 있어야 한다.

고전압 대형 회전기기의 고정자 권선의 절연은 마이카 테입(Mica-tape)과 에폭시레진(Epoxy-resin)으로 처리되고 있다. 코일(Coil)의 절연 시스템은 전기적 부하변동, 기동과 정지시의 Heat-cycle, 기계적 피로현상이나, 열적 Stress, 그리고 환경적 원인으로 열화가 진전된다. 코일의 절연은 초기에는 견고한 결합 형태를 가지나, 발전기 가동 연수에 따라 절연체 내의 작은 공극이 점점 확대된다. 결국 마이카 테입에 크랙이 생기고 권선으로부터 분리되어 절연능력을 상실하게 되며, 결국에는 지락사고(소손(燒損))로 이어질 수밖에 없다.

특히, 시화조력발전소는 바로 바닷가에 위치하여 염해에 의한 절연환경이 다른 내륙 지역보다 상대적으로 열악하다. 발전기 절연능력 저하와 관련된 사항에 대해서는 보다 세심한 주의가 요구된다. 국내 최초로 코드화된 저주파 신호를 이용한 고정자 권선의 지락사고에 대한 100% 보호방식을 적용하였다.

:: 지중 송전선로(送電線路) 설치

▲ 시화호 조력발전소 지중 송전선로

위 사진은 조력발전소에서 만들어진 전기를 인근 도시로 보내기 위한 지중 송전선로의 설치공사 모습이다. 대부분의 송전선로는 철탑(鐵塔)모양의 가공선로(架空線路)를 설치하여 송전한다. 하지만 시화호 조력발전소는 환경 친화적으로 건설되는 발전소의 대표적인 모습으로 지중 송전선로 방식을 채택하였다. 물론 철탑모양의 가공 송전선로 공사보다 지중화 송전선로 공사비의 부담은 커질 수밖에 없다. 시화호 조력발전소의 지중 송전선로 공사비는 가공 송전선로 공사비보다 약 300억 원 정도의 공사비가 추가로 집행되었다. 조력 발전소로부터 약 12km 떨어진 한국전력공사 남시화 변전소로 전기를 보내면 변전소에서 다시 가정용이나 공업용 전기로 전압을 낮추어 이곳 주변의 경기도 안산과 시흥지역에 주로 전기를 공급하게 된다. K-water(한국수자원공사)는 전기사업법상으로 직접 소비자에게 전력을 공급할 수가 없다. 한국전력공사로 전기를 송전하고 매달 한차례 전력량 계량기(計量器)를 검침하여 전력요금을 정산하고 있다. 대부분의 발전소들이 도심에서 먼 거리에 떨어져 있는 이유는 소음, 공해, 먼지 등 여러 가지 제약사항 때문이다. 그래서 각 발전소 마다 전기를 생산하여 장거리 송전을 할 수 밖에 없는데, 초고압 송전철탑으로 주변 경관을 해치며 강을 건너고 산을 넘어 전기를 송전하기 때문에 가끔 민원의 대상이 되기도 한다. 하지만 시화호 조력발전소는 처음부터 시화호의 주변 경관을 고려하여 시화방조제 도로 측면을 타고 지중화 송전선로를 매설(埋設)하여 구성하였다.

:: 변전설비 염해방지 대책

시화호 조력발전소는 바닷가에 위치하고 있어 소금기를 가진 물보라의 날림과 풍랑으로 인해 변전설비가 염해사고 발생 요인을 항상 내재하고 있다. 변전설비는 일단 사고가 발생하면 파급영향이 크고 장기화되는 경향이 있어 사전에 대책을 수립하고, 시설을 보완하는 모든 조치를 하였다.

전력설비의 염해사고란 바닷가의 염분이 전력기기 표면에 얇게 부착되고 여기에 적당한 수분이 가해지거나, 습도가 높아지면 전력기기의 표면에 소금물이 흐르는 모양으로 변한다. 소금물은 일반물보다 전기가 더 잘 통해 누설전류가 흐르면서 스파크(spark)가 발생하며 전력기기에 손상을 입힌다.

염해방지 대책으로 환기시설을 강화하고, 환기구의 위치도 서해바다 쪽에서 시화호수 측 방향으로 변경하였다. 전기기기의 표면 페인트도 에폭시계와 아크릴우레탄계의 도장 재료를 사용하였다. 변압기는 열 발산에 의한 금속의 이완과 수축에 강하고 습기에 강한 폴리우레탄 에나멜계의 페인트를 사용하였다. 또한, GIS(Gas Insulated Switchgear) 변전설비를 채택하여 시설면적을 최소화 하였다.

▲ 시화호 조력발전소 GIS 변전설비

구조물을 조립하는 볼트/너트는 스테인리스 계열이 녹 발생 방지에는 좋으나 다른 금속(스테인레스, 철)접속에 의한 전위차 발생의 부식이 있어 유지보수와 작업성이 우수한 용융아연도금 탄소강재 볼트/너트를 사용하였다.

변압기의 2차 부싱애자의 경우 섬락 내전압을 낮추기 위해 애자의 표면길이가 길고, 평균직경이 큰 것으로 적용하였다.

기타 부대 설비

:: 전기방식(電氣防蝕)

전기방식이란 약한 전기를 흘려 철(Fe)의 녹 발생을 억제하는 기술이다. 시화호 조력발전소의 경우 조력발전기가 바닷물 속에 항상 잠겨있고, 앞으로도 오랜 세월을 해수 중에서 가동되어야 한다. 따라서 염분이 강한 바닷물로부터 발전설비의 녹 발생과 부식 억제를 위한 전기방식 시스템의 적용이 필수적으로 요구되었다.

여기서 전기방식의 원리를 간단히 소개하면 철은 자연 상태(에너지가 안정한(stable) 상태)로 존재하는 철광석을 제련하는 과정에서 에너지를 주입하여 높은 에너지를 갖는 불안정한(unstable) 화합물로 변한다. 그리고 주변 환경과 접촉하게 되면 에너지를 발산하여 다시 안정된 상태의 철광석으로 회귀하려는 성질을 갖고 있다. 이를 산화반응이라고 하고 이때 금속내부에 $Fe++$와 2개의 음전자($2e-$)가 발생한다. 따라서 $Fe++$는 2개의 수산화산소($2OH-$)와 결합하여 제1산화철($Fe(OH)_2$)을 생성하고, 제1산화철은 산소(O_2)와 물($2H_2O$)과 반응하여 제2산화철($4Fe(OH)_3$)을 생성하는데 이를 부식이라고 한다.

따라서 자연 상태에서도 금속의 형태로 존재하는 금(Gold)이 부식되지 않는 것도 이러한 이유이다. 따라서 전기방식이란 불안전한 금속이 어떤 물질과 접촉 시 안정된 상태로 되려고 할 때 발생하는 2개의 음전자(2e-)를 대신 공급하면 된다. 그러면 금속은 산화반응이 일어나지 않으므로 부식이 이루어지지 않는다는 원리를 이용한 기술이다.

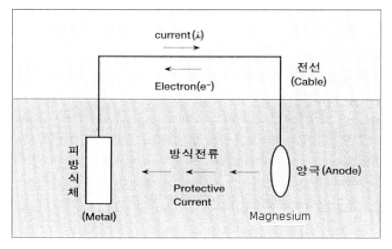

▲ 전기방식 원리 개념도

　해수로부터 발전설비의 부식을 효과적으로 억제하기 위해서는 발전설비의 주요 부품의 재질에 따라서 요구되는 단위면적당 전류밀도가 다르므로 각기 다른 수량의 양극이 요구된다. 해수저항의 저감과 바닷물 속의 이물질로부터 양극의 손상을 막기 위하여 방식 대상설비의 설치 모양이나 설치조건 등을 고려하여 주로 디스크형 양극을 채택하였다. 또한 디스크 양극 방식시스템으로부터 누설된 약한 전류가 콘크리트 중의 철근에 유입되는 것을 방지하기 위하여 누설전류 보강용 방식설비를 설치 보완하였다.

시화호 조력발전소에서는 아래 사진에서와 같이 조력발전기에 disk anode(외부전원식) 640set 와 알미늄 anode(희생양극식) 30set를 부착하였으며 콘크리트 내의 철근을 보호하기 위해 철근부에 ribbon anode(외부전원식) 30km를 포설하였다.

▲ 전기방식 적용 위치 그림

그리고 수차발전기 10대중 발전기 가동 대수, 가동 상태에 따라 소요되는 각기 다른 조건과 바닷물의 전기전도도, 온도, 유속, pH 등이 주요 설계요인으로 적용되었다.

이 전기방식 설비는 첨단 IT기술로 구성된 감시제어시스템을 이용하여 방식전위를 일정하게 유지하고 제어할 수 있다.

또 시스템이 가동 중 통신 상태가 불량하여도 데이터를 자동으로 저장하고 있다가 통신이 복구되면 자료를 다시 전송하게 됨으로

▲ 시화호 조력발전기 전기방식 실제 위치 사진

써 데이터의 유실을 최소화할 수 있는 방식으로 구성되었다. 또한 시스템의 알람이나 고장상태를 원격지 운영자에게 휴대폰 문자메시지로 전송하고, 즉각 조치될 수 있도록 하여 어떠한 환경에서도 방식 제어시스템이 정지되는 경우가 발생하지 않도록 설계하였다.

:: 생분해성 오일의 적용

시화호 조력발전소의 발전기는 회전하는 대형기기로써 많은 윤활유와 작동유를 사용하고 있다. 혹시라도 기름이 유출되어 바다로 흘러 들어가면 생태계에 영향을 미칠 수 있다. 일반적으로 생분해성 유압 작동유라고 하면 일정 조건하에서 미생물에 의해 분해가 되어 이산화탄소(CO_2)나 물과 같은 물질로 변환되는 오일을 의미한다.

100% 분해는 어렵다고 하더라도 생분해성 유압 작동유는 자연환경에서 쉽게 분해가 되어 토양이나 수질환경을 오염시킬 가능성이 적은 오일을 말한다.

그러나 생분해성 유압유라고 해서 오일의 기본적인 역할인 동력 전달 특성, 마모 방지, 부식방지 등의 주요 기능이 저하되지 않으면서 생분해성이 추가되어야 한다. 비록 생분해성을 지니고 있다고 하더라도 미생물에 의해 분해되는데 다소 시간이 걸리므로 생태계의 어류나 각종 생물들에게 독성을 미치게 된다. 따라서 생분해성뿐만 아니라 무독성(non-toxic)도 지녀야 할 중요한 특성이다.

시화호 조력발전소는 조력발전기 10대와 보조기기들을 설치하면

▲생분해 유압 작동유 성분 분석을 위한 샘플링 채취 장면

서 생분해성 유압 작동유 11만 리터와 윤활유가 3만 리터가 주입되었다. 생분해성 오일의 가격은 기존의 일반 광유 계통의 오일에 비해 상당히 높다. 하지만 시화호의 수질 개선을 위해 친환경적으로 건설되는 조력발전소로서 마땅히 생분해성 오일을 적용하였다.

:: 4D 시뮬레이션 개발운용

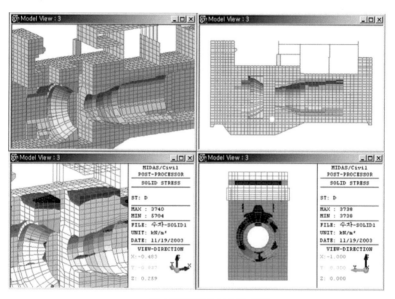

▲ 4D 시뮬레이션 시스템 화면

시화호 조력발전소의 건설공사는 스케일이 큰 토목구조물과 대형 발전기 10대가 조합하여 건설되는 복잡하고 어려운 공정이었다. 연속으로 원활한 시공관리를 위하여 전체 시공용 설계 도면을 46단계로 구분하였다. 입체감이 없는 평면 2차원 도면을 공정별 실측 3

차원 도면 모델로 데이터베이스화하여 웹(web) 상에서 4차원 시뮬레이션 시스템화하였다. 이렇게 시각화된 4차원 모델을 통하여 공사과정 전반을 감독자들이 쉽게 이해하고, 효율적으로 시공관리를 할 수 있는 User-Interface를 개발하여 운영하였다.

또, 모니터 화면의 투명도를 조절하여 지나간 공정은 투명하게 진행공정은 불투명하게 표시하였다. 색을 통한 공정 표현 방법으로 회색은 완료, 노란색은 진행될 공정, 빨강색은 지연되고 있는 공정, 초록색은 계획대로 진행 중인 공정을 표시하였다. 4D 시뮬레이션 시스템을 통하여 세계 최대 시화호 조력발전소 건설사업 프로젝트 전체를 쉽게 이해하고, 각 공정별 순차적인 진행상황을 미리 분석하고 검토할 수 있게 하였다. 무엇보다도 공정별로 예상되는 제약요소들을 사전에 발굴하고 조치함으로서 원활한 시공관리를 지원할 수 있었다.

제4장

질문과 답변 (Q & A)

가장 궁금한 질문들

시화호는 왜 만들었나?

K-water(한국수자원공사) 어떤 조직인가?

조력발전 설비의 국산화율

운영관리와 유지보수

가장 궁금한 질문들

　이 장에서는 조력발전소 건설 사업과 관련하여, 일반인들이 궁금해 하는 내용들과 자주하는 질문에 대하여 묻고 답하는 형식으로 정리하였다. 현재 이곳 시화호 조력발전소 건설 현장을 방문하는 사람들이 해마다 늘어나고 있다. 주로 학생들이 많고 일반인들은 이 분야에 관심이 많거나 업무적으로 관련이 있는 사람들이다.

　학생들의 견학이 꾸준히 늘어나는 이유는 초중고 교과서에 시화호 조력발전소 건설에 대한 내용이 비교적 상세히 수록되어 있기

▲ 대학에서의 초청 강연 모습

때문이다. 우리나라 녹색성장 신재생 청정에너지 개발의 대표적인
국내 사례로 기록되어 있다. 2010년에 다녀간 방문객만 공식적으로
12,000명으로 집계 되었다.

필자도 가끔 내방객을 안내하거나, 시화호 조력발전과 신재생 청
정에너지에 대한 내용으로 특강을 몇 군데 다녀보았다. 그리고 지
인들을 현장으로 초청하여 건설되고 있는 조력발전 설비에 대해 설
명도 하고, 질문도 많이 받아 보았다.

그러면서 느꼈던 것은 대부분의 사람들이 자주하는 질문이나 궁
금해 하는 내용이 거의 동일하다는 것이었다. 그리고 기술자인 필
자가 보기에는 아주 간단한 원리인데도 잘 이해를 못하고 있었다.
이런 점들을 계기로 이 책을 쓰게 되었다.

그래서 모두가 공통적으로 궁금해 하는 내용에 대하여 가능한
쉽게 표현하려고 하였다. 그리고 국내에서 최초로 건설된 시화호
조력발전소와 연관되는 일반적인 자료들을 모두 정리하여 갈무리하
였다. 그런데 정작 재미있는 비하인드 스토리(behind story)나 민감
한 내용에 대하여 아직까지는 오해의 소지가 있어 이 책에 기술하
지 못하였다. 좀 더 세월이 지나거나, 개인적으로 기회가 된다면 전
하고 싶은 이야기가 많다. 여기서는 가장 많이 받았던 질문부터 차
례대로 정리하였고, 답변은 주로 사진이나 그림을 첨부하여 이해를
돕고자 하였다.

:: 조력발전 방식으로 복류식과 단류식이 있다고 하였는데,
시화호 조력발전소는 왜 복류식을 적용하지 않았는지?

조력발전 방식으로는 바닷물이 들어올 때(밀물)와 나갈 때(썰물), 모두 발전하는 방식인 복류식(復流式)이 있고, 둘 중에 한 가지만 적용하는 단류식(單流式)이 있다. 단류식에는 바닷물이 들어올 때 발전하는 창조식과 바닷물이 나갈 때 하는 낙조식으로 구분된다. 물론 복류식으로 조력발전을 하면 더 많은 전기를 생산할 수 있겠지만 조력발전소가 건설되는 지형의 특성상 적용하지 못하는 경우가 많다. 시화호 조력발전소가 이러한 지형상의 제약조건으로 단류식 창조발전 형식을 채택하였다.

▲ 시화호 최상류 안산 신도시와 공단 시설물 전경

옆의 사진은 시화호 최상류 지역인 안산 신도시 외곽의 전경이다. 시화호는 수도권의 위성도시인 신도시를 건설하기 위해 1994년 서해바다를 방조제로 막아서 만든 인공호수이다. 사진에서와 같이 안산시는 주거지역과 공단지역이 명확히 구분되어 건설된 계획도시이다. 간척지를 이용하여 신도시를 개발하였기 때문에 시화호의 수면 높이를 바다의 해수면만큼 올릴 수 가 없다. 밀물 때의 바닷물 수위만큼 높이게 되면 안산 신도시 외곽은 침수될 수밖에 없다. 이런 지형적인 제약조건을 감안하여 단류식 창조발전 형식을 채택하였다. 조력발전의 힘이 되는 큰 낙차(조차)를 얻기 위해 바닷물이 빠져나가는 썰물 때에는 배수수문을 통하여 시화호의 수위를 가능한 낮게 낮춘다. 그리고 다시 바닷물이 들어오는 밀물 때에는 조력발전기를 통하여 발전을 하면서 시화호로 바닷물을 유입시킨다. 그리고 시화호의 수위를 해발표고; EL.-1m 까지만 안전하게 높이고, 발전을 중지하는 방식을 적용하였다. 시화호수 수면 외곽으로 형성된 신도시와 공업단지를 관리하기 위해 시화호에는 관리수위(해발표고; EL.-1m)를 정했고, 항상 이 수위 이하로 수면을 관리하고 있다.

:: 조력발전 사업의 원유 수입 대체 효과란 무슨 뜻인가?

시화호 조력발전소에서 생산할 수 있는 전력량은 연간 5억5천만 kWh 이다. 이 전력량을 생산하기 위해 수입한 원유를 사용하는 화력발전소의 연료 소모량으로 환산하면, 매년 86만2천 배럴(barrel)

정도의 원유 량을 대체할 수 있다는 뜻이다. 이 원유 량에 2009년 수입한 원유의 평균 가격 72.41달러를 적용하면 연간 약 700억 원 정도의 유류수입 대체효과를 가진다. 그리고 2011년 3월의 원유 평균 수입가격이 배럴당 100불을 상회하고 있어, 이 가격을 대입하면 연간 약 1,000억 원 정도의 원유를 수입하지 않아도 되는 효과가 있다.

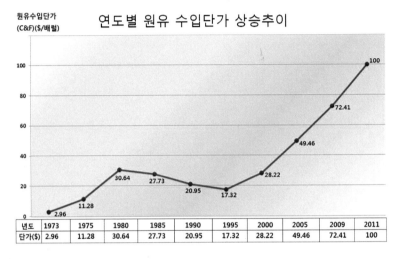

원유수입단가
(C&F)($/배럴)

연도별 원유 수입단가 상승추이

년도	1973	1975	1980	1985	1990	1995	2000	2005	2009	2011
단가($)	2.96	11.28	30.64	27.73	20.95	17.32	28.22	49.46	72.41	100

▲ 원유 수입단가 변동 추이

이 글을 정리하고 있는 2011년 3월 현재, 세계 석유시장의 브랜트유 가격이 배럴당 115달러를 기록하였다. 그리고 이집트, 시리아, 리비아 등 중동지역의 민주화 바람으로 주요 산유국의 정세가 더욱 어수선하게 되었고, 세계 석유시장이 크게 요동치고 있다. 앞으로 2-3년 후에는 석유 가격이 배럴당 150불 수준까지도 내다보는 전문가들이 많다.

석유가격의 지속적인 상승을 보고 있노라면 2001년 7월, K-water(한국수자원공사)가 과연 시화호 조력발전 사업에 투자를 할 것인가를 놓고 신중히 검토하였던 시절이 생각난다. 이 시기에 수입 원유 가격은 앞쪽의 그림에서와 같이 배럴당 약 30달러 수준이었다. 이 가격을 대입하여 얻을 수 있는 유형적인 효과(편익; 전력 판매 수익)만으로는 조력발전 사업의 경제성은 당연히 미흡하였다. 그래서 유형적인 효과 이외에 무형적인 사업효과(시화호 수질개선 효과와 부수적으로 발생하는 체험광장의 해양관광 레저 공간 확보 이용 등)를 포함하여 이 사업의 경제성을 높여 보려고 많은 검토를 하였다.

그리고 위와 같은 표를 만들어 '수입 원유 가격은 앞으로도 지속적으로 인상될 것이다'라는 전망도 제시하였다. 시화호 조력발전소가 준공되는 시점인 2011년에는 수입 원유가 배럴당 100달러를 상회할 것이라는 전문가들의 의견도 제시하였다. 따라서 K-water(한국수자원공사)가 장기적인 전략으로 시화호 조력발전사업에 지금 참여하는 것이 가장 적기(適期) 임을 강조하였었다.

영국의 금융그룹 HSBC의 이코노미스트들은 "세계 원유 재고가 대략 50년쯤 남아있다고 확신한다." 고 말하며 "중국과 인도 같은 개발도상국들의 경제 성장세를 감안하면 이 세기 중반쯤에 자동차가 10억대 더 늘어날 것"이라고 예상한다. 그렇게 되면 자동차의 연료가 되는 석유자원에 엄청난 부담으로 작용할 것이고, 자동차의 배기가스에 의한 지구 온난화 현상은 더욱 가속화 될 것이다.

석유는 1859년 미국에서 세계 최초로 유정(油井)을 발견된 이래 지금까지 150여 년간 지구상의 중요한 에너지원으로 이용되어 왔다. 인류가 지금처럼 석유자원을 소비할 경우 전 세계 석유공급이 차질을 빚으면서 지속적이고 고통스러운 미래를 곧바로 초래할 것이다.

석유왕 록펠러는 자신을 세계 최고의 갑부로 만들어준 석유를 '악마의 눈물'이라고 불렀다. 지금도 그렇지만 앞으로 석유 때문에 일어날 각종 분쟁들을 미리 예견하고서 한 말이 아닌가 생각한다. 석유가 고갈된다고 하여 땅속에서 올라오던 원유가 갑자기 끊어지는 것이 아니고, 석유의 소비량을 따라잡지 못하고 생산량이 서서히 감소하는 시기가 올 것이다. 이때부터 '악마의 눈물'은 많은 사람들의 눈물을 흘리게 할 것이라고 전망하였다.

:: 조력발전을 하루에 9시간 정도만 한다고 하였는데 그 이유는?

조력발전소의 발전원리는 수력발전의 원리와 같다. 댐을 막아서 높은 곳에 있는 물을 낮은 곳으로 내려 보내는 힘으로 수력발전기를 돌리는 것과 같다. 시화호 조력발전소는 기존의 시화방조제를 이용하여 서해 바닷물과 시화호 사이에 조수간만의 차(조차;낙차)

를 이용하여 발전을 한다. 밀물이 들어와 조차(낙차)가 2m 정도 발생하면 조력발전기를 기동(起動 start) 한다. 그리고 조차가 작아지면 발전기를 정지(停止 stop)하는 방법으로 발전기를 운용하다 보니 하루 24시간 중에 약 9시간 정도 밖에 발전을 할 수가 없다.

아래 그림은 2003년도 시화호 조력발전소의 상세한 설계를 위해 연간 발전 가능량을 산출하였던 자료이다. 초록색 곡선이 시화방조제 해역의 조석수위 곡선이고, 하루에 두 차례 정기적으로 조석현상이 발생하는 것을 보여 준다. 대략 6시간 12분 간격으로 변화하는데, 자세히 보면 같은 날 발생하는 조차도 한번은 크고 한번은 작다. 이것을 일조부등(日干不等)이라 하는데 지구의 지축이 23.5도 기울어져 있듯이, 달도 지구의 적도를 중심으로 남북으로 28.5도 위치를 바꾸어 가며 지구의 옆구리를 비스듬히 공전하기 때문에 생기는 현상이다.

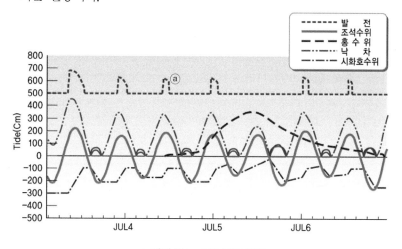

▲ 발전 가능 시간 검토 자료

앞쪽 그림의 아래쪽 붉은 선은 시화호의 수위 변동을 가정한 선이다. 가운데 굵은 빨강색 곡선은 시화호에 갑자기 폭우가 내리기 시작하면 조력발전은 못하고 시화호의 수위를 인위적으로 낮추어야 하는 경우를 도표화 하였다. 그림에서 제일 위 파랑색으로 볼록한 부분(ⓐ)만이 발전 가능한 시간이며, 하루에 두 차례 약 9시간 정도 발전이 가능하다.

:: 시화호 조력발전 사업은 CDM 사업으로 추진하고, 탄소배출권(CER)을 확보할 수 있다고 하였는데 어떤 내용인지?

CDM 사업이란 청정개발체제(Clean Development Mechanism)라는 뜻이다. 1992년 6월 브라질의 도시 '리우'에서 전 세계 178개국이 참가하여 지구가 점차 온난화 되어가는 것을 억제하기 위한 협약(유엔기후변화협약)을 채택하였고, 최근들어 구체화되기 시작하였다. 지구 온난화의 주된 요인으로 지목되는 온실가스 배출량을 각 나라 별로 할당하고, 배출량이 많은 국가는 다른 나라에서 탄소배출권을 사와야 한다. 반대로 할당량보다 온실가스를 적게 배출하는 나라는 탄소배출권을 다른 국가에 판매 할 수 있도록 한 것이다.

시화호 조력발전소의 탄소배출권 (CER: Certified Emission Reduction; 공인인증감축량)은 다음 쪽 사진의 승인서와 같이 국가가 승인하였다. 그리고 곧바로 유엔기구에 등록되었으며 2011년 시화호 조력발전소가 준공되고 상업발전을 개시하게 되면, 유엔에서 이를 심사 평가하여 일정량의 탄소배출권을 부여할 것이다.

승인번호 : 제2006-2호

청정개발채제 사업 승인서

한국수자원공사
대전광역시 대덕

주식회사 에코
경기도 성남시

상기인이 참여하는 시화호 조력발전 사업(Sihwa Tidal Power Plant Project)에 관하여 청정개발체제 심의위원회(CDM Review Committee)의 결정에 따라 대한민국 정부는 다음 각 호의 사항을 확인합니다.

ⅰ) 대한민국은 교토의정서를 2002년 11월에 비준하였습니다.

ⅱ) 이 사업은 자발적 참여에 의한 것임을 승인합니다.

ⅲ) 이 사업이 우리나라의 지속가능한 발전에 기여하는 것으로 인정합니다.

2006년 1월 25일

대 한 민 국 정 부

산업자원부장관
이 희 범

해양수산부장관
오 거 돈

▲ 시화호 조력발전소 CDM 사업승인서

2009년 탄소배출권의 거래가격은 1톤당 13유로(Euro)로 거래되었다. 시화호 조력발전소는 연간 약 5억5천만 kWh의 청정한 전력에너지를 생산함으로서, 연간 약 31만 톤의 이산화탄소(CO_2) 배출을 억제하는 효과가 있다. 이를 1유로(Euro)당 1500원으로 환산하면 연간 약 60억 원 이상의 부가적인 유형 편익을 얻을 수 있을 것으로 예상하고 있다.

▲ 화력발전소의 온실가스 배출 광경

위 사진에서와 같은 온실가스 배출량이 각 나라별로 할당되어 규제되고 있으며, 전 세계적으로 온실가스 배출량을 계획적으로 줄여야 하는 협약이 조금씩 구체화 되어 가고 있는 것이다.

이와 같이 청정개발체제(CDM) 사업은 선진국(의무 감축국)이 개발도상국의 온실가스 저감사업에 직접 투자하여 개도국의 지속가능한 발전에 기여하면서, 이산화탄소 배출권(CER)을 확보하는 방법이 있다. 그리고 우리나라의 시화호 조력발전 사업과 같이 개발도상국이 독자적으로 자국(自國)의 국내에서 온실가스 감축 사업을 수행하고 이산화탄소 배출권을 생산하여 판매할 수 있는 방식이 있다.

청정개발체제(CDM) 사업의 일반적인 내용과 추진경위를 다시 정리해 보면

- ■ '92. 06 : 브라질의 도시 '리우' 에서 유엔기후변화협약(UNFCCC)을 채택
  - · 지구온난화를 막기 위해 온실가스 감축을 목표로 범지구적 환경협약
  - · UNFCCC : United Nations Framework Convention on Climate Change

- ■ '97. 12 : 일본의 도시 '교토' 에서 의정서 채택
  - · Annex I 국가(선진국, 미국탈퇴로 39개국)의 '08~'12년의 평균온실가스 배출량을 '90년 대비 평균 5.2% 감축
  - · 온실가스 종류 지정: 이산화탄소($CO2$), 메탄(CH_4), 아산화질소(N_2O), 수소불화탄소(HFCS), 과불화탄소(PFCS), 육불화유황(SF_6)

- ■ '01. 11 : 모로코의 도시 '마라케시' 에서 합의문 공식채택
  - · 경제협약으로 교토 메카니즘(JI, ET)의 제시

JI (Joint Implementation, 공동이행제도): 선진국(Annex I 의무감축국)

이 개발도상국(Non-Annex I 국가)에 투자하여 발생하는 온실가스 감

축실적(ERU)을 투자국의 실적으로 인정

ET(Emissions Trading, 배출권거래제): 온실가스 감축의무가 있는 국

가 간에 배출할당량(EAU)의 거래를 허용하는 제도

- ' 05. 02. 16 : '교토' 의정서 발효
- · 우리나라는 Non-Annex I 국가로 분류되어 있어 국가보고서 제출 등
  공통의무 사항만 수행하면 됨
- · 그러나, OECD 가입이후 미국, 일본 등 선진국들은 우리나라에게
  Annex I 국가와 같은 자발적인 의무부담 선언을 요구하고 있으며, 그
  강도를 높이고 있음.

시화호는 왜 만들었나?

젊은 대학생이 한 질문이었는데, 처음에는 (정말?) 몰라서 하는 질문인가 하여 자세히 설명을 해 주었다. 1980년대 서울 인구 지방 분산 정책의 일환으로, 서울로 집중되던 인구와 공장들을 수도권 외곽으로 분산하기 위하여 정부는 수도권에 넓은 땅을 필요로 하였다. 그래서 이곳에 시화방조제로 막고 간척지를 개발하여 신도시 부지와 공업단지를 조성하는 과정에서 만들어진 인공호수라고 설명했다.

그런데 질문을 하였던 대학생은 피식 웃으며, '시화호를 처음부터 만들지 말았어야 했다'는 것이다. '왜 처음부터 시화방조제를 만들어 자연을 훼손(毁損)하고, 시화호의 수질이 오염되도록 하였느냐'는 것이 이 학생의 질문 요지이었는데, 필자는 이 질문의 깊은 뜻을 알지 못하고 동문서답을 한 것이다.

우연히도 그 다음날은 중국인 방문객 10여명을 안내하게 되었는데, 통역관을 통해 또 '왜 시화호를 만들게 되었느냐'는 똑같은 질문을 받았었다. 같은 질문이었지만 묻고자 하는 의도(意圖)는 전혀 달랐다. 넓은 대륙에서 온 중국인들에게는 우리나라가 서해안의 바닷가를 간척지로 개발하여 신도시와 공업단지를 조성 했다는 것이 이해하기가 어려운 부분일 수도 있겠다. 필자도 그동안 시화호와 안산 신도시의 조성 경위에 대해 개략적으로만 알고 있었는데, 이번 기회에 자료를 찾아서 나름대로 정리를 해 보았다.

1945년에만 해도 불과 90만 명밖에 되지 않던 서울의 인구가 1950년에는 170만 명, 1960년에는 245만 명이 되더니 급기야 1970년에는 552만 명에 이르렀다. 그뿐만이 아니었다. 인구가 기하급수적으로 늘어나다 보니 그에 따른 산업기반 시설도 서울에만 몰리는 기현상이 일어나게 되었다. 1976년 당시 서울에 입주해 있던 제조업체는 전국적인 비율로 볼 때 25%에나 다다랐고, 석유, 화학, 고무, 금속, 기계, 염색 등 비도시형 공업의 30%이상이 수도권에 집중되고 있었는데 그 중에서 60%이상이 서울에 집중되고 있었다.

바로 그때 나온 것이 수도권 신도시 계획이었다. 1976년 7월 21일 박정희 대통령은 당시의 건설부(지금은 국토해양부) 장관을 불러 이렇게 명했다. "수도권 내에 100만 평 규모의 공업단지를 갖출 수 있는 후보지를 골라서 신도시를 건설하시오." 참으로 그 당시 서울의 상황을 정확하게 파악하고 있던 박정희 대통령의 기민하고 통찰력 있는 판단이었다. 곧바로 검토작업에 들어가 여덟 가지의 입지 선정 기준을 정했다.

서울 도심부와 가까워야 하고, 배후도시의 기능이 있고, 구릉지 활용이 쉽고, 진입도로, 용수원 확보, 공장공해 대책 등 여러 가지 어려운 입지 여건들이 고려되었다. 경기도 광주, 용인, 여주, 이천 지역들은 남한강 유역으로 상수원 오염 문제로 합당치 않다는 결론을 내렸다. 다음은 안산과 발안, 조암과 안중 4곳이 후보지로 올랐다. 안산이 서울로부터 불과 30km밖에 떨어져 있지 않고, 개발 가능한 용지도 넓으며, 또한 교통 조건도 알맞아 서울 소재 공장들의 이전이 쉬울 것이라는 것이 최대 장점이었다.

▲ 시화호 최상류 안산 신도시와 간척지 전경

이런 과정을 거쳐 우리나라 최초의 계획된 신도시가 만들어지게 되었다. 하루가 다르게 성장하고 있는 안산신도시를 보면 인간의 힘이 얼마나 위대하고 무한한 것인지를 새삼 느낄 수가 있다. 불과 십수 년 전까지만 해도 작은 배가 드나들고 어업과 농업이 주된 산업이었던 시골마을이 이렇게 수도권의 배후 도시로 고도성장하고 있다. 지금은 안산의 중심지가 된 성포동(盛浦洞)이란 동네도 예전에는 배가 드나들었던 작은 포구(浦口)였다.

안산 신도시는 원래 서울의 인구를 분산시키고 서울에 밀집해 있던 공장들을 수도권으로 분산시키고자 만든 계획도시이다. 그 당시 계획하였던 의도대로 지금의 안산시는 서울의 베드타운이 아니라 생활기반을 갖춘 자기 완결형 도시로 성장하고 있다. 아직까지도 안산 신도시는 고도성장을 진행 중에 있으며, 이상적인 자족도시의 면모를 차근차근 갖추어 가고 있다.

신도시로의 개발과 성장과정에서 발생한 옥(玉)의 티로 시화호의 수질이 빠르게 나빠지게 되었다. 시화호 수질의 근본적인 개선을 위해 이곳에 세계 최대 규모의 조력발전소가 건설되었다. 그런데 아이러니(irony)하게도 이 시화호 조력발전소가 이제는 이 지역에 또 다른 세계적 볼거리를 제공하고 있다. 앞으로 수많은 방문객들이 이곳 조력발전소를 찾을 것이다. 그리고 안산 신도시는 우리나라 서해안시대의 대표적인 거점도시로 꾸준히 성장해 나갈 것이다.

이제 시화호(수)의 최상류에는 갈대습지와 하수종말처리장이 건설되었고, 시화호 조력발전소가 가동되면서 시화호의 수질이 바닷물 수준으로 개선되고 있다.

그런데 앞에서 언급하였던 젊은 대학생의 의미심장(意味深長)한 질문인 "왜 시화방조제를 막아 서해안의 간석지를 훼손(毁損)하였느냐?"는 미래 지향적 이상을 추구하는 질문과 서울 인구의 수도권 분산을 위한 개발(開發)은 항상 양면성(兩面性)을 가진다.

필자는 간석지(干潟地)의 보존이냐? 간척지(干拓地)의 개발이냐?는 동전의 양면과 같다고 생각한다. 앞으로 이 부분에 대한 이해와 절충, 그리고 전문가들의 깊은 연구가 지금부터 필요한 대목이 아닌가 생각한다.

K-water(한국수자원공사) 어떤 조직인가?

세계 최대 규모의 조력발전소를 K-water(한국수자원공사)가 국내 최초로 건설하게 된 것에 대해서 의아하게 생각하는 사람들이 자주하는 질문이다. 이 페이지를 빌려 K-water가 어떠한 조직이며, 어떤 일을 하고 있는지에 대해 개략적인 내용을 기술하고자 한다.

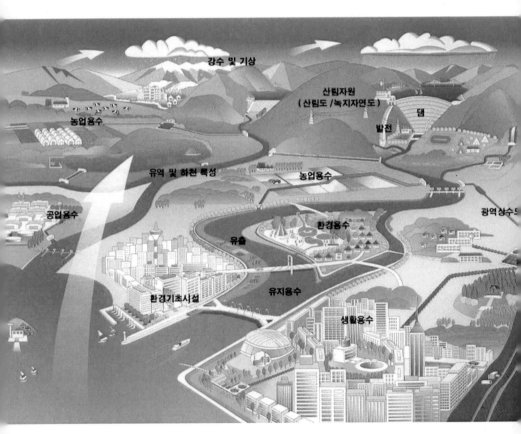

▲ 수자원의 흐름도

K-water는 우리나라의 수자원(水資源)을 종합적으로 개발, 관리하여 생활용수, 공업용수, 농업용수 등의 용수를 원활하게 공급하고 수질을 개선함으로써 국민 생활의 향상과 공공복리의 증진에 이바지하는 공기업이다.

1967년 창립한 이래 지난 45년간 우리나라의 한정된 물 자원을 효율적으로 개발하고 이용하며 관리하고 있다. 국내 최고의 물 전문 기업으로서 물의 재해를 예방하고 물의 효율적 이용을 가능케 함으로써 활발한 경제활동과 편리한 국민생활을 위한 도전과 개척의 역사를 만들어 왔다. K-water는 21세기에도 "세계 최상의 물 종합 서비스 기업"을 추구하는 비전(vision)을 가지고 있다. 세계에서 가장 안전한 수돗물을 공급하려는 기업 이념과 모든 국민이 깨끗하고 넉넉한 물의 혜택을 골고루 누리게 함으로써 "물로 더 행복한 세상"을 만드는 국민의 기업으로 성장하기 위해 노력하고 있다.

K-water가 수행하고 있는 대표적인 업무는 수자원시설(다목적댐)과 수도시설(광역상수도)의 건설과 관리이다. 앞쪽 그림과 같이 강(江)의 최상류에 다목적댐을 건설하여 빗물을 저장하고, 이 물을 1년간 효율적으로 이용한다. 우리나라는 풍수기(豊水期)인 7,8,9월에 대부분의 비가 내리고, 이 빗물의 대부분도 그냥 바다로 흘러가 버린다.

그래서 K-water는 풍수기 이전인 매년 6월말까지 다목적댐의 수력발전기를 가동하여 전력을 생산하면서, 댐의 수위를 가능한 낮추어 저수지를 비워 둔다. 장마철이 시작되고 비가 내리기 시작하면 비워져 있는 다목적(多目的)댐을 가득 채운다. 그리고 하류로 흘러갈 홍수를 잡는 것이 다목적댐의 첫 번째 목적인 홍수조절 기능을 수행한다.

여름철에 장마와 태풍이 지나가고 9월말쯤에는 댐에 물이 가득 차게 되는데, 이 물을 계획적으로 배분하여 다음해 6월말까지 1년간 효율적으로 이용한다. 이것이 다목적댐의 두 번째 목적인 용수 공급 기능이다. 이 물을 광역상수도 시설로 취수하여 정수장에서 수돗물을 만들어 대도시에 생활용수로 공급하기도 하고, 하천에 일정량의 물이 항상 흐르게 하는 하천유지용수, 공업용수, 농업용수, 환경용수를 공급하고 있다.

이 두 가지 대표적인 업무 외에도 K-water는 녹색사업, 해외사업, 청정에너지 개발, 등을 수행하고 있으며, 청정에너지를 이용하여 전기를 생산하는 부문에서는 국내 최고의 전문기관이다. 1973년 소양강 다목적댐의 수력발전기를 통해 무공해 청정에너지를 처음 생산하기 시작하였고, '76년에는 안동댐, '80년에는 대청댐, '85년에는 충주댐 순서로 전국의 강과 하천에 70여개의 수력발전기를 건설하여 운영 중에 있다. 태양광발전은 5개소, 풍력발전 2개소와 세계 최대 규모의 조력발전 1개소를 건설하여 관리 중에 있다. 조력발전과 수력발전은 발전방식이 거의 비슷하다. 국내 수력발전 분야의 최고 전문기관인 K-water에서 수력발전과 발전원리가 같은 조력발전을 국내에서 최초로 시작하게 된 것은 결코 우연한 일이 아니다.

:: 수자원 시설의 건설과 관리

K-water는 1960년대부터 소양강댐, 안동댐, 대청댐, 충주댐 등 전국에 16개의 다목적댐을 건설하였다. 그리고 전국에 산재해 있는 댐의 물을 인공위성을 이용한 첨단 물 관리기술과 수계별(水系別) 통합 운용 관리시스템을 구축하여 연간 약 100억 톤의 물을 공급하고 있다. 또한 환경 친화적인 중소규모 댐을 꼭 필요한 곳에 건설하여 우리나라의 물 부족 지역을 적극적으로 해소하고, 홍수와 가

▲ K-water의 소양강 다목적댐 전경

품에도 효과적으로 대처하고 있다.

앞쪽 사진은 우리나라의 수자원 시설을 대표 할 수 있는 소양강 다목적댐의 전경이다. 우리나라 토목사(土木史)에 신기원을 이룩하며 건설되었다. 4대강 유역 종합개발계획에 따라 건설되었으며 1973년에 준공되었다.

40W 형광등 5백만 개를 켤 수 있는 20만KW(10만KW × 2 대)의 발전시설용량을 갖추고 있으며, 연간 3억 5천만kWh 의 전력을 생산하고 있다. 발전시설용량이 시화호 조력발전소(25만 4천KW)와 비슷하여 이 책에서 자주 비교되고 언급되었다. 연간발전량 면에서는 시화호 조력발전소의 연간 발전량 5억 5천만kWh 에 비해 많이 적은편이다. 소양강 다목적댐 발전기는 연간 강수량에 따라 발전 실적이 좌우된다. 하지만 시화호 조력발전은 바다의 밀물과 썰물의 힘만으로 발전을 하기에 연간 발전량이 일정할 수밖에 없고 전력생산량도 많다.

특히 이 댐은 잠실종합 운동장을 1,350회나 가득 채울 수 있는 물(약 29억톤(m³))을 저장할 수 있다. 서울을 비롯한 수도권 지역에 연간 12억m³의 생·공용수 및 농업용수를 공급하고 7.7억m³의 홍수조절 능력도 갖추고 있으며, 북한강 수계(水系)의 수해를 방지하는 주요한 버팀목 역할을 하고 있다. 또한, 남한강 수계에는 K-water의 충주(忠州) 다목적댐이 있어 수도권의 홍수 피해를 억제하는 기능을 충실히 수행하고 있다.

:: 수도 시설의 건설과 관리

K-water는 하루에 1,768만 톤을 공급할 수 있는 33개의 광역상수
도와 공업용수도 시설을 가동하여 전국 주요 도시와 산업단지에 생
활 및 공업용수를 공급하고 있다. 전국을 12개 광역 급수권역으로
구분하였고, 권역별 통합 급수체계를 구축하여 제한된 수자원을 효
율적으로 이용하고 있다. 지역 간 용수 수급의 불균형을 해소함으로
써 모든 국민이 물의 혜택을 골고루 누릴 수 있도록 노력하고 있다.

▲ K-water의 수도권 성남 정수장 전경

위 사진은 우리나라의 대표적인 수도시설인 수도권 성남 정수장
의 전경이다. 수도권 광역상수도는 서울특별시를 비롯한 24개 지자
체에 수돗물을 공급하기 위한 시설이다. 1979년 1단계 사업 완공

후 4차례의 확장 사업을 통하여 하루 최대 765.5만 톤의 시설이 완공되었다. 하루 220만 톤 용량의 5단계 사업은 2001년에 공급 목표 연도로 1994년에 착공하여 1999년에 완공하였다.

또한, 첨단 IT 기술을 적용하여 수도권 광역 상수도 시설 전체를 통합 운영 관리시스템으로 구축하여, 수도시설 관리의 자동화와 수(水) 처리 제어 공정 표준화로 수돗물 생산과 관리의 효율을 극대화하고 있다.

국내 최초의 수돗물 정수시설인 서울시 뚝도 정수장이 1908년에 건설되었으니, 우리나라의 수돗물 역사는 100년이 넘었다. 이제는 대부분의 국민들이 수돗물의 혜택을 받고 있다. 하지만 아직도 수돗물을 공급받지 못하고 간이 상수도에 의존하는 낙도 어촌이나 산촌 마을들이 많다. 그리고 지방의 작은 중소도시들은 상수도 시설이 대도시 상수도 시설에 비해 규모나 능력면에서 상대적으로 열악하다.

이들 중소도시의 상수도 시설을 몇 군데씩 통합하여 광역화하고 지방 상수도를 효율화하여 부족한 수량과 수질을 확보해 나가야 한다. 이런 문제들을 해소하고 지역 간 물 부족 해결을 위해 노력하는 것이 K-water의 주요 임무이기도 하다.

조력발전 설비의 국산화율

시화호 조력발전소의 토목구조물과 여타(餘他)모든 시설물은 전부 국내 기술로 건설되었다. 다만 발전기의 주요 설비만 유럽의 오스트리아 안드리쯔 하이드로(ANDRITZ-HYDRO)사 제품이 채택되었다. 그리고 발전기의 일부설비는 중국의 제프(ZHEFU)사가 제작하여 공급하였다. 순수 국내 기술로도 제작이 가능한 발전설비이지만, 우리나라는 그동안 대형 수차발전기를 제작하지 않았다. 오래전부터 대형 수력발전기를 만들어온 유럽과 일본, 중국에 비해 가격 경쟁력이 없다. 지금이라도 대형발전기 생산 공장을 건설한다고 해도 별로 주문처가 없기 때문에 공장을 계속해서 가동하기가 어려

▲ 제작사 기술자의 설치 상태 확인 장면

울 것이다. 우리나라의 선박 조선기술과 중공업 기술은 세계가 인정하고 있으며, 조력발전 설비도 필요하다면 충분히 설계와 제작, 설치가 가능한 분야의 기술이다.

시화호 조력발전소의 발전기는 제작, 설치, 시운전까지 전 과정을 오스트리아 안드리쯔사의 감리로 시공되었다. 일평균 20명의 전문 기술자가 제작 공장이나 건설 현장에 분야별로 투입되어 감리 업무를 담당하였다. 또, 조력발전기의 부속설비를 제작하여 공급한 중국의 제프(ZHEFU)사는 일본의 후지(FUJI)사와 오랜 협력관계를 통하여 30년 이상 중대형 수차발전기를 만든 전문 제작사이다. 미국, 독일, 오스트리아 등지로 납품한 실적도 가지고 있다. 조력발전기를 제외한 154 kV 변압기, 지중화 송전선로 케이블, GIS 변전설비, 흡출관 제작, 배수 수문 제작설치 등은 모두 국내 전문 제작사에서 설계하고 시공하였다.

운영관리와 유지보수

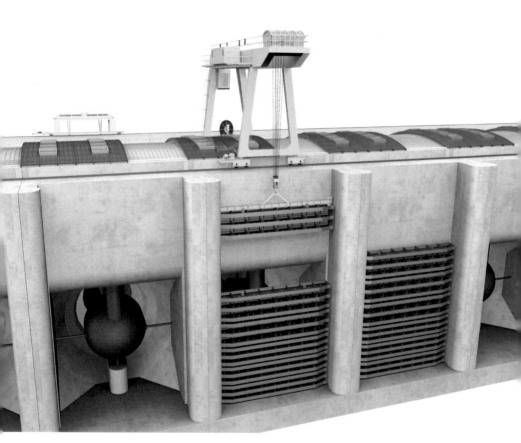

▲ 조력발전기 점검시 스톱로그 삽입 모습

조력발전기가 가동 중에 바닷물 속에서 문제가 생기거나, 5년에
한 번씩 정기적으로 발전기의 상태를 정밀 점검할 때는 위 그림과
같이 크레인을 이용하여 유지보수한다. 조력발전기의 앞과 뒤를 점

검용 수문(stop-log)으로 바다 쪽과 호수 쪽을 차단하고 펌프를 통해 물을 배수시킨 다음, 점검 맨홀(manhole)을 열고 들어가 발전기의 상태 확인과 점검을 실시한다.

점검용 수문(stop-log)은 평상시에는 낱개로 별도 보관되어 있고, 필요한 시기에 겐트리 크레인으로 운반하여 바닥에서부터 한 조각씩 삽입하여 6조각을 쌓아 올려 물을 완전 차단한다. 조금의 누수는 있겠지만 배수펌프의 용량이 커서 점검 작업에 영향을 줄 정도는 아니다.

조력 발전기의 점검은 일일점검, 주간, 월간, 분기점검, 연간점검, 대점검으로 구분된다. 각각의 점검 종류에 따른 설비 목록과 체크리스트(check-list)가 있어, 정밀하게 항목별로 체크한다. 월간에 한번쯤 점검해야 할 설비가 있고, 1년에 한번쯤 점검할 설비로 구분하여 점검하는 것이다. 대점검은 오버홀(overhaul)이라고도 하며, 한 달 이상의 기간 동안 조력발전기를 완전 분해 점검하는 수준으로 중요한 기기는 마모 상태를 확인하여 교체한다. 대점검 시기에는 앞쪽 그림과 같이 스톱로그를 삽입하여 물을 차수하고, 완전히 배수한 다음 점검자가 들어가 조력발전기의 외관 상태 등을 정밀하게 확인한다. 시화호 조력발전소는 바닷물 속에서 운용되는 발전설비로서 염해 피해는 없는지 세밀한 점검을 하여야 할 것이다. 시화호 조력발전소에는 전부 10대의 조력발전기가 설치되어 있고, 만일의 경우를 위해 2대분의 스톱로그(stop-log)를 확보하고 있다. 한 호기를 대점검하기 위해 점검용 수문을 삽입한 상태에서 다른 호기에 문제가 생기면 대처할 방법이 없기 때문이다. 필자도 과거 충주 (忠州) 다목적댐에 근무 당시 이와 비슷한 경우를 당하여 당황했던 기억이 있어 이러한 점들을 보완하였다.

갈무리

사진 갈무리

한번 보는 것이 백번 듣는 것보다 낫다고, 이 책을 쓰면서 글로서
는 아무리 상세한 표현을 하려 하여도 정확한 의사 전달이 어렵다
는 것을 실감하였다. K-water(한국수자원공사) 직원 간에는 편하게
소통하는 단어나 용어(用語)가 일반인들에게는 생소할 수도 있겠다
는 것도 느꼈다. 그래서 이 장에서는 전경 사진을 중심으로 시화호
조력발전소 전반에 대한 내용을 다시 한 번 쉽게 부연(敷衍) 설명하
고자 하였다.

:: 시화방조제 전경

▲ 시화 방조제 전경

사진에서 ⓐ가 시화호 조력발전소 건설 현장으로 시화방조제의 중간에 위치하고 있다. 기존에 있던 작은가리섬의 단단한 바위섬 기초위에 우리나라 최초의 조력발전소를 건설하였다. ⓑ지점이 인천광역시의 송도 신도시가 위치한 곳으로, 시화호 조력발전소에서 북쪽으로 약 6km 정도 떨어져 있으니 이곳의 위치를 개략적으로 짐작할 수 있을 것이다. ⓒ가 서해 바다(인천해역)인데, 우리나라에서 조수간만의 차가 제일 큰 지점으로 이곳의 밀물과 썰물만을 이용하여 세계 최대 규모의 조력발전소를 가동하는 것이다. ⓓ가 시화호이며 호수 수변으로는 안산신도시, 시흥시, 화성시가 개발되어 있어 호수의 수면을 항상 낮추어 운영하고 있다. 시화호는 1994년 시화방조제 공사가 끝나면서 만들어진 청정한 인공호수이었다. 하지만 곧바로 시화호의 수질이 나빠지면서 사회 문제화 되었고, 시화호 수질의 항구적인 개선대책의 일환으로 시화호 조력발전소가 건설되었다. ⓔ가 큰가리섬으로 시화호 조력발전소가 위치한 곳의 작은가리섬과 함께 두 섬이 나란히 있었고, 두 개의 섬 모양이 모두 가리비 조개 모양을 닮았다고 해서 붙여진 이름들이다.

사진의 아래쪽에 보이는 풍력 발전기 2대는 이 지역의 바다 바람을 이용하여 청정 전력에너지를 생산하고자 K-water(한국수자원공사)가 2010년 9월에 설치하여 운영 중에 있는 풍력발전기이다. K-water는 앞으로 이 지역에 조력발전, 풍력발전, 태양광발전이 함께하는 우리나라의 청정에너지 메카로 조성해 나갈 계획이다.

:: 조력발전소 전경

시화호 조력발전소 건설공사의 최종 마무리 단계에서 찍은 항공
사진이다. 서해바다 쪽 임시물막이(ⓐ)와 시화호수 쪽 임시물막이
(ⓑ)를 철거하여, 바닷물을 조력발전기를 통해 시화호로 유통시키
는 공정만 남았다. 철거 작업 방법은 우선 (ⓑ)쪽의 시화호수의 물
로 조력발전소 건설 현장을 다시 물로 천천히 채운다. 물을 전부 채
우는데 약 50일이 걸릴 정도로 물을 천천히 채우면서 조력발전소
구조물 내부로 누수되는 물은 없는지 단계별로 확인을 한다. 물이
가득 채워지면 임시물막이를 철거한다. 그리고 바닷물을 시화호로
유입시키면서 조력발전기를 한 대씩 순차적으로 시운전하면서, 발
전기의 가동 대수를 점차적으로 늘려 갈 계획이다.

(ⓒ)지점은 양쪽 임시물막이(ⓐ, ⓑ)를 철거하면서 발생하는 골재

를 활용하여, 시화호 조력발전소를 찾는 관광객을 위한 체험광장으로 조성 중에 있다. 넓은 주차장과 다양한 공원 시설물을 갖추고 많은 관광객을 유치함으로서 이 지역의 발전에도 기여할 것이다.

:: 서해안의 조수간만 차

▲ 조력발전소 주변 해안의 조차 비교 사진

지구상의 모든 바닷물은 앞쪽 사진과 같이 6시간 12분 간격으로 밀물(고조)과 썰물(저조)이 주기적으로 발생하고 있다. 태양계가 존재하는 한 이러한 현상은 계속될 것이다. 우리나라는 이곳 시화해역과 같이 조차가 심하게 생기는 곳(서해안)이 있고, 불과 몇cm의 조차를 보이는 곳(동해안)도 있다. 이러한 현상은 주로 지구 표면의 지형상의 원인으로 발생하고 있으며, 지구상에서 가장 조차가 심한 곳은 캐나다의 펀디(Fundy)만 해역으로 조수간만의 차가 무려 15m 정도나 된다.

이 사진들은 시화호 조력발전소 건설 현장의 정면에 있는 '큰가리섬'과 공사용 임시 물막이 원형 셀을 배경으로 서해안의 조차를 사진으로 확인하기 위해 같은 날, 같은 위치에서 대략 6시간의 시차를 두고 찍은 사진들이다.

이 날 밀물 때의 물 높이는 962cm이었고, 썰물 때의 해수면은 -33cm로서, 이 날의 최대조차는 무려 9m 95cm가 되었다. 사진의 ⓐ부분에는 고기잡이배가 큰가리섬에 정박했다가 바닷물이 빠지면서 백사장에 끌어 올려진 모습으로 나와 있고, ⓑ부분에는 공사현장을 점검하고 있는 직원의 모습을 대비해 보면, 이 날의 조차가 9m 이상이었음을 충분히 짐작할 수 있었다.

:: 조력발전소 주변 전경

▲ 시화호 조력발전소 전경 사진

위 사진의 중심에 교량(橋梁) 모양의 시화호 조력발전소 건설 현장의 전경이 보이고, 바로 앞에는 '가리비 조개' 모양의 큰가리섬(ⓐ)이 보인다. '작은가리섬(ⓑ)'은 사진의 정중앙에 위치하고 있었는데, 이제는 조력발전소가 자리 잡고 있다. 이 지역은 수심이 낮고 바닥이 단단한 암반으로 형성되어 있어 세계 최대 규모의 조력발전소 토목구조물이 안착(安着)하기에는 최적의 위치였다. 사진에서 시화호 조력발전소 왼편으로 약 2만평의 체험광장이 만들어지고 있는 모습이 보이는데, 이제는 작은가리섬이 큰가리섬으로 바뀌어 가고 있는 형상이다.

조력발전소의 바닥 기초 굴착을 위해 작은가리섬 아래를 깊숙이 굴착하면서 발생하였던 암반(巖盤)을 활용하여 넓은 체험광장의 틀을 만들고 있다. 나중에 조력발전소 건설 현장의 앞과 뒤를 막고 있는 임시 물막이를 철거하게 되면 또 많은 골재(骨材)가 발생하게 될 것이다. 이 골재도 함께 이용하여 작은 동산 모양의 체험 광장을 만들고 공원 조형물 설치와 조경공사가 끝나면 이곳 안산지역의 대표적인 볼거리가 될 것이다.

앞쪽 사진의 오른쪽 상부에는 인천대교(ⓒ)의 모습이 보이는데, 영종도 국제공항에서 이곳 조력발전소까지 자동차로 불과 30분 거리이고, 서울에서도 40Km 정도 밖에 떨어져 있지 않다.

비슷한 사진과 조감도를 겹쳐서 나열하고 중복되게 표현하는 것은, 이곳에 다녀가지 않더라도 사진으로나마 이곳 시화호 조력발전소의 위치와 주변 여건을 시각적으로 느낄 수 있도록 하기 위해서이다.

다음 쪽 조감도는 시화호 조력발전소가 준공되어 발전(發電)을 시작하면 외해(서해바다)의 바닷물이 시화호로 유입되고 있는 전경인데, 앞쪽 사진에서 발전소 앞뒤 임시 물막이가 제거되면 이러한 모습으로 바뀔 것이다.

| 관 광 부 지 | 수차구조물 10기 | 연결구조물 | 수문구조물 8련 | 자 연 녹 지 |

외해

시화호

외측

오어도

호수측

▲ 시화호 조력발전소 전경 및 평면 조감도

:: 시화호 조력발전소, 대우건설이 함께

　세계 최대 규모의 시화호 조력발전소 건설은 K-water(한국수자원 공사)가 이 사업을 발주하였고, 이를 대우건설(컨소시움;consortium) 이 맡아 시공하였다. 컨소시움 주간사인 대우건설이 45%, 삼성물산 35%, 신동아종합건설 10%, 대보건설이 10%의 지분을 가지고 국내 최초, 세계 최대, 세계 최신의 명품 조력발전소를 건설하기 위해 각 사(各社)가 맡은 전문분야에서 성실하게 시공하였고, 깔끔하게 마무 리 하였다.

　시화호 조력발전소 건설은 서해바다의 작은 섬(작은가리섬) 주변 을 삥 둘러 1,672m 임시 해상 가물막이로 막고 물을 빼내서, 축구 장 12개 넓이에 해당하는 공사현장을 확보하고, 바다 수면 30m 아 래 해저에서부터 조력발전소의 기초를 하고 엄청난 토목구조물을 구축(構築)하여야 하는 난공사 이었다.

조력발전소 건설공사에서는 해상에 가설되는 임시 물막이의 설치와 철거 공사가 가장 어렵고도 중요한 공사 중 하나이었다. 대우건설은 이 공사를 위해 일본, 파나마, 미국 등 해외의 앞선 시공사례를 면밀히 조사하고 비교 검토한 끝에 이 곳 현장에 가장 적합한 공법과 기술을 적용하여 시공하였다. 이 같은 노력의 결과로 실패 사례 없이 또 한건의 안전사고도 발생하지 않은 가운데 어려운 공사를 마칠 수 있었다.

또한, 협소한 공간에서 토목구조물 콘크리트 타설과 발전설비 설치공사가 동시에 병행하여 진행되기 때문에 현장상황이 복잡하고 어려웠지만, 시공계획을 면밀히 검토하고 사전에 예상되는 문제점을 제거함으로서 어려움을 극복해 나갔다.

시화호 조력발전소의 건설 공사는 전 세계가 관심을 가지고 지켜 보았던 대단위 대체 에너지 개발과 녹색성장을 선도하는 사업이었다. 차츰 다가오고 있는 고유가 시대에도 대비하여야 하며, 지구 온난화 현상으로 무공해 청정에너지의 개발이 절실히 요구되고 있는 시기이다. 미국, 캐나다, 영국, 프랑스, 중국, 인도 등 조력발전을 할 수 있는 여건이 되는 선진국에서는 가장 최근에 만들어진 시화호 조력발전소의 건설과정을 유심히 지켜보아 왔을 것이다.

이런 면에서 대우건설(컨소시움)은 국내외적으로 세계 최대의, 가장 최신의 조력발전소를 건설해 보았던 경험있는 시공사로서의 인지도를 높였다. 그리고, '깨끗한 지구촌 건설'이란 꿈에 한발 다가설 수 있도록 대체에너지 개발 분야, 특히 조력발전소 건설 분야에서는 세계적인 선두주자로서 확실한 자리 매김을 하였다.

지난 6년간 서해의 푸른 바다만 바라보면서 계절 감각도 잊은 채, 세계 최고의 명품 조력발전소 건설에 최선을 다해준 대우건설 고영식 현장소장, 삼성물산 최덕상 소장을 비롯한 컨소시움 직원 여러분들의 노고에 진솔한 감사의 마음을 전한다. 그리고 그동안 뜨거웠던 태양 아래에서, 눈보라 치는 혹한 속에서 조력발전소 건설현장의 가장 힘든 일들을 묵묵히 수행하였던 수많은 외국인 근로자 여러분들의 노고에 마음 속 깊은 고마운 뜻을 전한다.

:: 안전관리

안전(安全)이란 인간의 생명을 무엇보다 귀중하게 여기는 인간존중의 이념이다. 안전의 한자(漢字)적 의미는 안(安)이 여자가 집에 있다는 뜻으로 정서적인 안정을 뜻하며, 전(全)은 왕(王)이 궁궐에 앉아 위엄을 갖추고 있는 모습으로 질서가 유지되는 것을 뜻함이다. 안전은 위험요소를 사전에 발견 조치할 수 있어야 하며 더 나아가서는 인간의 생명과 재산을 보호하는 것이다. 안전관리는 산업재해를 예방함으로써 산업재해로 야기되는 생산손실을 사전에 억제하여 경영 합리화를 도모하는 것이다.

산업재해는 대부분이 인재(人災)이다. 안전은 아무리 강조하여도 지나침이 없다. 산업재해 예방은 우리 모두가 함께 공감하고 해결해야 할 사회적 과제이다. 우리나라는 매월 4일을 재난 및 안전관리 기본법에 의거 안전점검의 날로 정하고 있다. 그런데 왜 하필이면 4일일까? 아마도 우리 국민 모두가 꺼려하는 숫자의 날을 일부러 선정한 것이 아닌가 생각한다. 그래서 매월 4일은 전국의 각 건설 현장이나 공장의 작업장에서는 개개인의 주변과 시설물을 살펴보고 안전 상태를 점검하여 보완하는 날로 정하고 이를 시행하고 있다.

▲ 조력발전소 건설공사 안전 기원 행사

위 사진은 2009년 9월 시화호 조력발전소 토목구조물 공사가 마무리되는 단계에서 촬영한 것이다. 그때부터 조력발전기의 설치공사가 본격적으로 시작되는 시기였다. 조력발전기 설치공사는 발전기 1대의 무게가 대략 800톤에 달하는 대형 중량물인 발전기를 협소한 공간에서 정밀하게 설치하여야 하는 어려운 공사로서, 항상 안전사고의 발생요인을 내재하고 있다.

시화호 조력발전소 건설 현장에서는 이런 과정과 시기마다 특별 안전교육을 실시하였다. 안전교육은 현장근로자들로 하여금 불의의 사고로부터 인명과 재산을 지키는 교육, 사고에 대해 자신을 지킬 수 있는 대처능력을 기르는 교육, 사고를 예방할 수 있는 지식을 습득하여 안전사고를 예방하는 태도와 행동능력을 기르는 교육이다.

특별안전교육이 끝나면 각자의 일터에서 주변 환경과 시설물의 안전 상태를 점검하고 오후에는 뒤풀이로 안전기원제를 올리고 대화의 시간을 가진다. 안전기원제는 미신이나 종교적 의미를 떠나 어려운 작업현장에서 일하는 근로자들에게 정서적으로 안정감을 줄 수도 있고, 모처럼 같은 현장에서 일하는 사람들끼리 모여 이야기를 나눌 수 있는 대화의 장이기도 하다. 특히 동남아에서 온 외국인 근로자들에게는 한국의 건설현장 풍습도 접해볼 수 있는 좋은 시간인 것 같았다.

필자의 눈에는 이제 외국인 근로자들의 모습에서 그들 나라에 두고 온 그들 가족들의 얼굴이 가끔 연상되어 보인다. 비록 상상력(想像力)으로 추측해 보는 것이지만 어느 나라에서 왔으며, 고향은 어디이고, 가족관계는 어떠할지, 미루어 짐작을 해본다. 머나먼 나라에서 저들의 무사(無事)한 귀환(歸還)을 애타게 기다리고 있을 가족들을 생각한다면 건설현장에서의 산업재해 예방은 무엇보다 귀중한 인간존중의 이념이다.

이런 면에서 시화호 조력발전소 건설현장은 안전이 문화로, 생활로 정착되었던 현장이다. 안전관리를 전담하는 조직에서 현장의 작업분석, 안전점검 및 안전진단을 통하여 현장의 불안전한 요소를 사전에 발굴하여 제거하였고, 반복되는 안전교육과 훈련으로 안전불감증이 스며들 틈을 주지 않았다. 이렇게 철저하게 '사고는 없다'라는 마음으로 안전관리에 만전을 기했기에, 지난 6년간 세계 최대 규모의 시화호 조력발전소를 건설하는 대형 공사현장에서 아무런 사고 없이 대역사를 잘 마무리할 수 있었다.

:: 지구가 화났다

2010년 겨울은 유난히 추웠다. 예년보다 강추위와 잦은 눈으로 이곳 조력발전소 건설현장은 작업에 어려움이 많았다. 과거 우리나라 겨울날씨의 특징인 삼한사온이 무색하게 겨울 내내 맹추위가 기승을 부렸고, 겨울바다가 얼어서 동결되는 현상을 이곳에서 직접 목격하였다. 요즘 이러한 기상이변은 유독 우리나라만 겪는 현상이 아니고 세계적인 모습이다.

▲ 혹한속의 조력발전소 건설 현장

　아이슬란드, 인도네시아, 칠레에서는 잠자던 화산이 폭발하였고, 아이티, 뉴질랜드, 일본에서는 대지진이 발생하였다. 세계 곳곳에서 폭설, 폭우, 가뭄, 쓰나미, 토네이도 등으로 각 나라가 몸살을 앓고 있다. 최근의 기상이변은 북반구와 남반구, 동양과 서양을 가리지 않고 수백 년 된 기록들을 갈아치우고 있다. 마치 지구의 대재앙을 그린 공상과학 영화를 현실에서 직접 생생하게 보는 느낌이다. 특히, 가까운 이웃나라 일본의 쓰나미 현상은 TV 화면을 통해 너무 많이 자세히 본 탓인지 좀처럼 뇌리에서 지워지지 않는다.

　지구촌 기상이변은 여러 가지 원인이 있겠지만 많은 기후변화 전문가들은 지구온난화를 주된 영향으로 보고 있다. 지구는 화석연료에서 배출된 온실가스로 인한 온난화 때문에 점점 더워지고 있다. 세계인구의 증가, 도시화 산업화에 따른 에너지 소비증가, 급격히 늘어나는 자동차의 배출가스가 지구의 온도를 상승시켰다고 보고 있다. 2003년은 유럽에 뜨거운 여름 날씨가 몰아닥쳤다. 그 여파로 수만 명이 죽었다. 기상학자들은 이런 일이 앞으로도 계속될 것으로 전망한다. 2003년은 인류가 본격적으로 기상관측을 한 1854년 이래 가장 더운 해로 기록되었다.

한국의 기상청에서 내놓은 연구 결과에 따르면 우리나라의 강수현상도 달라지고 있다. 강수량은 큰 변화가 없지만, 강수강도는 점차 커지고 있다. 강수량(降水量)은 강우량(降雨量)에 강설량(降雪量)이 포함된 수치이다. 한국 기상청만큼이나 강수량에 민감한 조직이 K-water(한국수자원공사)일 것이다. 전국에 산재하고 있는 크고 작은 대부분의 댐들을 관리하고 있으며, 우리나라 수자원을 효율적으로 이용하기 위해 항상 하늘에서 떨어지는 강수량을 세밀하게 지켜보고 있기 때문일 것이다. 강수강도가 커진다는 의미는 게릴라성 호우처럼 갑자기 큰 비가 내리거나 폭설이 내리는 경우가 잦아졌다는 것이다. 앞으로 기후변화가 더 진행되면 이러한 피해는 더욱 크게 그리고 자주 나타날 것이다.

세계 기상학자들의 협의기구인 IPCC의 2001년 보고서에는 21세기 100년 동안 지구의 평균기온이 최소 섭씨 1.4도에서 최대 5.8도까지 상승할 것으로 전망하고 있다. 지구의 평균기온이 이렇게 상승하면 만년설(萬年雪)과 빙하(氷河)가 녹아내려 해수면이 높아질 것이다. 해수면은 이미 20세기에도 10센티미터 이상 증가했다. IPCC는 21세기에도 해수면이 지속적으로 올라갈 것으로 전망한다. 해수면이 50센티미터 상승하면 전세계 저지대의 상당 부분이 바다에 잠기게 된다.

기후변화의 과학적 측면을 이해하지 못하면 기상이변이 자연적인 현상인지 인간이 야기한 것인지 판단하기가 어렵다. 그러나 분명한 것은 지난 세기에 이산화탄소의 배출량은 기하급수적으로 늘었고, 해수면과 지구의 평균기온은 상승하였으며 빙하는 계속해서 녹고 있고 기후변화는 예상하기 힘들 정도로 급변하고 있다는 것이다. 기상이변에 대해 인류가 만들어낸 오염물질에 책임이 있다고 생각하든 아니든 지구온난화는 우리 모두가 걱정하고 고민해야할 문제이다.

정부(환경부)는 지구온난화 등 기후변화에 대응하기 위해 '저탄소 녹색성장 기본법'을 제정하고 '공공부문 온실가스 에너지 목표관리 운영 등에 관한 지침'을 고시했다. 이에 따라 공공기관들은 2007년 ~2009년 사이에 배출한 연평균 온실가스의 20% 이상을 2015년까지 감축하여야 한다. 그리고 국가와 국민이 함께 실천하는 저탄소 녹색성장 과제를 이제부터 조금은 불편하더라도 차분히 전개해 나가야 한다. 지금 우리 세대부터 지구온난화 등 환경문제에 적극 대응하여 지구가 환경적으로 건전하고 지속가능한 개발이 될 수 있도록 하여야 한다. 그래서 후손들에게, 아니 바로 우리 자녀들에게 우리 세대는 환경을 사랑했던 세대였다고 말할 수 있어야겠다.

시설 규모 비교

:: 시화호 조력발전소 모형 사진

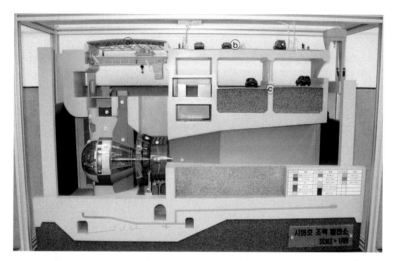

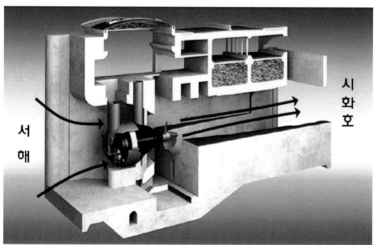

▲ 시화호 조력발전소 단면 조감도

조력발전의 발전원리와 시화호 조력발전소 내부구조에 대한 이해를 돕기 위해 모형 사진과 입체감 있는 사진을 같이 올렸다. 발전원리는 앞쪽 사진과 같이 밀물 때에 서해바다의 물높이(수위)가 시화호의 수위보다 약 1.8 m 이상 높아지게 되면 닫혀 있던 유량조절게이트가 열린다. 서해 바닷물을 시화호 쪽으로 흘러 들여보내면서 발전기를 돌리고 전기를 생산한다. 사진에서 콘크리트 구조물에 고정된 잠수함(潛水艦) 모양의 조력발전기 꼬리부분에 달린 수차(프로펠러)가 돌아가면서 축(軸)으로 연결된 발전기에서 전기가 생산되는 것이다.

또, 그 위의 사진은 발전소 내부모양을 보여 주기 위한 모형 사진인데, 시화호 조력발전소에는 이와 같은 발전기가 10대 나란히 병렬로 설치되어 있다. 사진은 자동차와 사람 그리고 발전기를 같은 축적(1/80)으로 축소하여 제작한 모형이다. 사진에 조력발전소의 지붕(ⓐ)과 옆으로 상부(上部)도로(ⓑ), 하부(下部)도로(ⓒ)가 보인다.

이 도로는 지난 2010년 9월에 개통되어 지금도 많은 차량들이 통행하고 있지만, 시화호 조력발전소 구조물 위로 지나가고 있다는 것을 아는 사람은 거의 없을 것이다. 대부분의 사람들은 시화방조제 중간에 콘크리트 다리가 새로 하나 생겼고, 그 위로 차량이 통행하고 있는 것으로 생각할 것이다. 왜냐하면 발전소 구조물의 80% 정도가 물속에 잠겨있고, 상부도로와 발전소 지붕의 높이를 기존 시화방조제의 도로 높이와 같이 하였기 때문이다. 하부도로(ⓒ)까지가 지상(地上)구조물이고, 하부도로 아래의 구조물은 바닷물 속에 잠겨 있어, 외부에서는 커다란 교량(橋梁)으로만 보일 것이다.

이렇게 시화호 조력발전소 구조물은 대부분 바닷물 속에서 잠겨 있고, 물속에서 돌아가는 발전기로서, 조력발전기의 모양이 백열전구(白熱電球)모양 같다고 하여 벌브 타입(Bulb type)발전기라고 부른다. 벌브타입 발전기는 1960년대 프랑스의 랑스 조력발전소를 건설하면서부터 처음 설계되었고 만들어졌다. 낙차(조차)가 낮고 발전용량이 작은 수력발전소(소수력 발전소)에 적용하는데, 수차가 조용하게 돌아가고 발전기의 효율도 상당히 좋은 편이다.

참고로 수력발전 중에는 '소수력'이라고 분류되는 발전소가 있는데, 이는 발전소의 시설용량이 3000Kw 이하의 소규모 수력 발전소를 '소수력 발전소'라고 부른다. 4대강 살리기 사업과 같이 흐르는 강과 하천(河川)의 중간 중간에 보(洑)를 막아, 꼭 필요한 우리의 수자원(水資源)을 확보하고 낮은 낙차(落差)를 이용하여 벌브(시화호 조력발전기와 같은)타입 발전기들을 몇 대씩 설치하고 전기를 생산하는 발전소를 말한다.

우리나라는 전국에 총 51 군데 소수력 발전소가 건설되어 운영되고 있으며, 일본은 605개소, 미국은 1715개소, 중국은 무려 58,000여 개소의 소수력발전소가 건설되어 운영되고 있다. 각 나라별 국토 면적에 따른 소수력발전소의 숫자 차이는 분명히 있겠지만, 이 보다는 자국(自國) 내에서 얻을 수 있는 작은 에너지라도 이용하려는 국민

적 관심의 차이가 아닌가 생각한다.

고유가 시대를 살고 있는 우리는 이제 국내의 작은 부존에너지(소수력, 조력, 풍력, 태양광 발전 등)에도 관심을 갖고 개발하여야 하며, 낭비되는 에너지를 찾아서 줄여야 한다. 우리나라의 1인당 전력소비량이 우리보다 국민소득이 2배인 일본을 추월했다는 것은 결코 자랑이 아닌 것 같다.

:: 변전설비(變電設備) 비교

▲ 시화호 조력발전소 구내 변전설비

▲ 소양강 다목적댐 수력발전소 옥외 변전소 전경

위 사진들은 비슷한 규모의 변전설비가 차지하는 변전소 바닥 면적 비교와 전기 기술의 발전된 모습을 한 눈으로 비교해 보기 위해 나란히 실었다. 변전설비는 변압기를 포함하여 차단기, 단로기, 계기용 변성기, 전선로 등으로 조합된 전기설비 집합체로 발전소의 전기가 송전되어 나가는 출구의 검문소 역할을 한다.

시화호 조력발전소의 변전설비는 25만kW 이고, 소양강 다목적댐 수력발전소의 변전설비는 20만kW 로, 소양강댐이 시화호 조력보다 규모가 작다. 하지만 변전소의 바닥 면적은 소양강댐의 옥외변전소가 10배 이상 넓고 크다. 소양강댐 옥외변전소의 바닥면적은 7700m² 이고, 시화호 조력이 675m² 이다. 비슷한 규모(20만kW)의 변전설비를 건설하면서 변전소의 바닥면적을 2000평이나 줄일 수 있었다. 소양강 다목적댐은 1960년대에 건설되었고, 시화호 조력 발전소는 2010년에 건설되었다. 50여년 세월의 차도 있지만, 그동안 눈부시게 발전한 전기기술의 변화 모습을 한 눈에 보여 준다. 시화 호 조력발전소의 옥내변전소(屋內變電所)는 가로 25m, 세로 27m의 좁은 공간에 GIS 변전설비를 채택하였다.

GIS 는 가스 절연 개폐장치(Gas Insulated Switch-gear)라는 뜻 으로 절연 성능이 뛰어난 불활성 가스(SF6 가스) 의 우수한 물리 적, 전기적 성질을 응용한다. 정상상태의 전류 개폐뿐만 아니라 단 락사고 등 이상상태에 있어서도 안전하게 개폐한다. 계통을 보호하 는 170[kV]급 이상의 변전설비의 복합 기계 장치로서 최근에 많이 사용하고 있다.

최근 산업이 발달함에 따라 전력소비가 증가하게 되었으며, 대도 시 또는 특정의 좁은 지역에 대용량의 전력소비가 요구되고 있다. 이를 수용할 설치 공간의 부족으로 소형화한 대용량 전력기기인 가 스절연기기가 필요로 하게 되었다. 특히 시화호 조력발전소와 같이 바닷가에 설치되는 변전설비는 염해(鹽害)로부터 변전설비를 보호 하기 위해 GIS를 채택한다.

GIS 변전설비는 이와 같이 모든 점에서 우수한 전기적 기능을 수 행한다. 하지만, GIS를 제작, 운반, 현장 조립 할 때 도체 부분의 손 상, 스페이서 중의 크랙 및 도전성 이물질 등이 발생할 수 있다. 이 러한 결함에 의해서 부분 방전이 발생할 수도 있어, GIS를 운용 관 리함에 있어서는 세심한 점검이 요구된다.

또한 GIS 변전설비는 기존의 가공 선로형 옥외 변전설비보다 상당히 고가(高價) 이어서 지금도 공해가 적고, 저렴한 가격의 변전소 부지를 확보 할 수 있는 발전소에는 적용되지 않고 있다.

:: 기존 배수 수문 주변 전경

▲ 기존의 시화방조제 배수 수문 전경

사진의 왼쪽 아래 삼각형 모양의(ⓐ) 지점에 기존의 시화방조제 배수문이 설치되어 있는 모습이 보인다. 저 배수 수문의 원래 기능은 시화호 상류에 비가 내리고 저수지로 유입되는 물이 불어나 수위가 올라가게 되면 수위를 낮추기 위한 역할을 수행하였다. 그런데 시화호(수)의 수질은 1995년 하반기부터 서서히 나빠지기 시작하였고, 1997년에는 시화호의 수질오염이 사회 문제화 되었다. 시화호의 수질개선을 위한 여러 가지 대책 중의 한 가지 방법으로 저 배수 수문을 통하여 바닷물을 다시 저수지로 유통시키기로 하였다. 지난 10여 년간(시화호 조력발전소가 건설되고 있는 기간 동안) 저 배수 수문은 배수문 본연의 기능인 배수뿐만 아니라 바닷물을 유입하는 기능도 수행하여 왔다.

이제 시화호 조력발전소가 준공됨으로써 지금까지 부가적으로 해왔던 해수유입의 기능은 조력발전기에게 넘겨주고, 저 배수문은 이제 본연의 기능인 배수만을 수행하게 할 것이다.

앞쪽 사진의 중앙(ⓑ)에는 한국전력공사의 송전선로가 시화호 수면 위로 지나가고 있는 모습이 보인다. 송전선로(送電線路)는 한자 표현 그대로 발전소에서 만들어진 전기를 도심(전기가 필요한 곳)으로 보내는 전선의 길(路)이다.

수력, 화력, 원자력 할 것 없이 발전소는 모두 그럴만한 사정으로 도시에는 건설될 수가 없다. 발전소 대부분이 먼 변방(邊方)에 건설되어 생산되는 전력만 송전선로를 통해 공업단지나 도시로 보내진다. 시화호 조력발전소 인근의 영흥도에는 대규모의 화력발전소가 있어 24시간 많은 전기를 생산하여 이 지역의 도시와 공단으로 보내고 있다. 저 멀리 송전선로가 도착하는 지점이 안산 신도시 외곽으로, 반월 공단지역과 안산 신도시 아파트 단지가 밀집되어 있어 전기를 가장 많이 필요로 하는 지역이다.

▲ 시화 방조제에 설치된 풍력발전기(ⓐ) 모습

K-water(한국수자원공사)는 시화호 조력발전소(ⓑ) 건설과 병행하여 지난 2010년 9월부터 조력발전소 인근에 1500㎾ 풍력발전기 2대를 설치하여 운영 중에 있다. 이 지역을 우리나라의 대표적인 녹색성장 신재생 청정에너지의 메카로 조성하기 위해 조력발전, 풍력발전, 태양광발전을 앞으로도 계속 설치해 나갈 예정이다.

인간이 바람의 힘을 이용한 것은 제법 오래전 일이다. 바람의 힘을 풍차를 통해 기계적인 힘으로 변형시켜 물을 끌어올리거나 곡식을 가공하는데 이용하기도 하였는데, 근세에 들어서는 풍력발전기를 돌려서 전기에너지를 만드는 데 가장 활발하게 이용하고 있다.

풍력발전기의 날개는 바람을 가장 잘 받아서 많은 전력을 생산할 수 있도록 특수한 형태로 휘어져 있다. 풍력발전의 가장 약점은 바람이 어떤 때는 강하게 불다가 금방 약하게 불기도 하고 수시로 바람의 방향이 바뀌기도 한다. 그래서 최근에 개발된 풍력발전기들은 풍향과 풍속을 내부 컴퓨터를 통해 정밀하게 감지하여 풍력발전기의 방향을 항상 바람이 부는 방향으로 향하도록 하고, 날개의 각도도 바람에너지를 가장 잘 전기에너지로 변환시킬 수 있는 기울기로 조정한다.

풍력발전기는 강한 폭풍에도 견디어야 한다. 그래서 기둥은 두꺼운 강철로 원통모양으로 만들었고, 그 속에는 사다리나 승강기(昇降機)가 있어 꼭대기까지 점검자들이 다닐 수 있게 되어 있다. 바람이 강하게 불면 날개의 각도를 접는 모양으로 조정하여 바람의 힘이 비켜가게 한다. 태풍이 불 때는 날개를 완전히 바람 방향으로 접고, 제동장치(制動裝置; brake)를 가동시켜 풍력발전기의 회전을 정지 시킨다.

풍력발전기도 전기를 만드는 원리는 일반 발전기와 같다. 태양광 발전을 제외한 모든 발전기는 '플레밍의 오른손 법칙'에 의해 전기를 발생시키는데, 원자력발전이나, 화력발전, 수력발전, 조력발전 등 모든 발전기는 각각의 고유한 에너지로 원동기를 돌린다. 원자력 발전은 핵반응 시에 발생하는 엄청난 열을 이용하고, 화력발전은 석탄, 석유, 가스를 이용하여 물을 끓이고 그 스팀(steam)을 이용한다. 수력발전은 댐에 저류된 물의 낙차를, 조력은 밀물과 썰물의 조차(潮差)를 이용하며, 풍력발전기는 바람의 힘으로 발전기를 돌린다.

▲ K-water 시화호 풍력발전기 모습

풍력발전기가 만드는 전기의 세기는 바람 속도의 세제곱에 비례한다. 풍속이 초당 6m일 때와 9m일 때, 풍속의 차이는 1.5배 이지만 발생하는 전기의 출력은 5배 정도로 커진다. 앞쪽 사진의 K-water 시화호 풍력발전기는 정격출력이 1500kW이고, 타워의 높이가 70m, 날개의 직경이 77m이며, 바람의 세기에 따라 발전기의 출력이 변화한다. 그래서 풍력발전기가 설치되는 입지는 바람이 강하게 부는 곳 일수록 훨씬 경제성이 좋아진다. 일반적으로 바람이 강한 곳은 산 정상이나 해안가이다. 산 정상 등성이는 산의 계곡을 차고 오르는 계곡바람과 산을 넘는 바람이 합쳐지면서 강한 바람이 발생한다. 해안가나 바다는 바람을 막는 장애물이 없기 때문에 일정한 바람이 지속적으로 분다. 바람의 강도 면에서는 산 정상이 해안가나 바다보다 유리하나, 산 정상까지 대형 풍력발전기의 운반과 설치에 어려움이 있어 최근에는 바다에 풍력발전기를 많이 세우는 추세이다.

이미 덴마크 해안에는 대단위 풍력단지가 건설되어 가동되고 있으며, 영국, 프랑스, 독일 등 유럽 선진국들은 바닷가에 대규모 해양 풍력단지의 건설을 계획하고 있다. 바다에 세우는 풍력발전기는 산 등성이에 설치하는 것보다 발전기의 규모가 점점 커지고 있다. 그만큼 발전기의 운반이나 설치가 용이하고, 기계가 커질수록 발전기의 효율은 좋아지고, 작은 것을 여러 대 설치하는 것보다 공사비나 유지관리에 유리한 점이 많기 때문이다.

우리나라도 정부(지식경제부)의 발표에 의하면 세계 3대 해상 풍력발전 강국으로 도약을 계획하고 있다. 2013년까지 전북 부안지역 바다를 중심으로 해상 풍력발전 실증단지(100MW)를 조성하고 실험 결과에 따라 대단위 풍력발전단지로 용량을 키워나갈 예정이다.

최근 바닷가에 설치되는 풍력발전기의 규모는 타워의 높이가 150m, 발전기 1대당 출력이 5000kW가 되는 엄청난 덩치들이 들어서고 있다. 풍력발전은 환경적인 측면에서 소음의 발생이나 풍광의 저해를 가져온다고 볼 수도 있다. 그러나 풍력발전기의 소음은 기술의 발전으로 많이 개선되었고, 주택가로부터 멀리 떨어진 넓은 들판이나 바다에 세워지기 때문에 소음의 피해는 거의 없는 것과 같다. 그리고 풍력발전기가 대형화되면서 날개의 길이가 길어지고 돌아가는 속도도 느려져서 바람을 가르는 소리도 많이 약해졌다.

▲ 시화호 풍력발전기 전경

풍력발전기는 바라보는 사람들의 시각에 따라 자연경관을 해치는 것으로 보일 수도 있고, 바닷가에서 한가하게 돌아가는 발전기를 보면 어릴 적 바람개비를 돌리며 뛰어다니던 추억 속으로 잠시 빠져들 수도 있을 것이다. 필자는 저 풍력발전기 아래에 있는 사무실(조력발전소 건설단)에서 근무하고 있어 하루에도 수십 번씩 풍력발전기를 대하고 있다. 소음이라고는 전혀 느끼지 못하고 있으며, 아침 출근길에 멀리서 빙글빙글 돌아가고 있는 풍력발전기의 모습을 보면 괜히 마음이 평안(平安)해 짐을 느끼고 있다.

태양광 발전

▲ K-water 대불정수장 태양광 발전 전경

K-water는 태양광발전 분야에도 많은 관심을 기울이고 있다. 우리나라의 물을 책임지는 전문기업으로 전국에 산재한 다목적댐들과 많은 수도 시설물들을 관리하고 있다. 이런 시설물 중에서 태양광 발전을 할 수 있는 유리한 조건을 갖춘 지점이 있으면 이를 활용하여, 태양광 발전을 도입하고 상용화하였다. 앞쪽 사진은 전남 무안군 몽탄면 소재 대불 정수장(淨水場)의 잔여부지에 설치한 태양광 발전설비의 전경이다. K-water는 이와 같은 태양광 발전을 전국에 5개소 (500kW)를 설치하고, 앞으로 전개될 녹색성장시대 청정에너지 개발사업에 참여하기 위한 기초자료를 준비 중에 있다.

태양에너지를 이용하는 방식은 태양의 빛을 이용하여 전기를 직접 생산하는 태양광 발전과 태양의 열을 집열장치로 모아서 난방이나 온수에 열을 이용하는 태양열 장치로 크게 구분된다. 그 밖에도 햇빛을 접시모양의 응집기로 직접모아 음식을 요리하는 태양열 조리기, 건조기, 태양열 발전기 등 다양한 형태로 개발되어 있다. 그러나 현재 세계적으로 상용화 되어 있고, 앞으로 급속히 개발되고 실용화 될 것으로 예측되는 분야는 태양광 발전이다.

태양광 발전은 발전기(發電機)를 돌려야 하는 일반 발전(원자력, 화력, 수력, 조력, 풍력)방식과는 전혀 다르다. 반도체(半導體)로 만들어진 태양전지(photo voltaic cell)에 햇빛(광자)이 투입되면 전자(電子)의 이동현상이 생기면서 전류가 흐르고 약한 전기가 발생한다. 때문에 태양광 발전은 전기가 만들어지는 효율이 낮고, 사업의 경제성은 일반 발전 방식과는 비교가 될 수 없을 정도로 미흡하다. 그런데도 우리 주변에 태양광 발전이 많이 도입되고 있는 것은 정부에서 합당한 전력요금으로 보전하면서 청정에너지 개발을 장려하고 있기 때문이다.

앞으로 수십 년 내로 화석(석탄, 석유)에너지의 시대가 저물어가고 있다고 생각하면, 화석연료를 조금이나마 대체 할 수 있는 에너지(태양광, 풍력, 조력 등)들을 모두 개발하고 이용하여야 한다. 화석에너지의 시대는 지금까지 기껏해야 150년 이었고, 앞으로 50년 후에는 막을 내릴 것이다. 우리가 바로 코앞에 닥쳐올 에너지 수급 불균형의 시대를 제대로 인식하지 못하고 있기 때문에 이들 청정에너지의 개발과 이용이 늦어지고 있을 뿐이다. 분명한 방향과 의지만 있다면 청정에너지의 개발과 이용은 어려운 일이 아니라고 생각한다.

당장, 2012년부터 정부(지식경제부)는 신재생에너지 발전 의무비율 할당(RPS; Renewable Portfolio Standards)제도를 시행하기로 하고, 발전사업자(發電事業者)들로 하여금 매년 일정 규모의 신재생에너지를 의무적으로 생산하여 공급하도록 할당량을 정하였다. 이에 따라 대규모 태양광발전의 개발이 필요하게 되었고, 태양광발전을 위한 넓은 부지가 마땅치 않은 현실에서 수상(水上) 태양광발전이 대안으로 부상하고 있다.

▲ K-water 실험용 수상 태양광발전설비 (주암댐)

수상 태양광발전은 위 사진과 같이 댐 저수지의 넓은 면적에 태양광발전 설비를 띄워 놓고 전기를 생산하는 것이다. K-water의 경우 전국에 16개의 다목적댐과 14개의 중소규모 용수(用水)댐을 관리하고 있으며, 이들 댐의 저수지 면적을 합치면 약 500km² 이나 된다. 이 면적의 1%만 태양광발전으로 개발하여도 300MW 의 태양광발전을 할 수가 있어, K-water는 앞으로 이 분야의 실용화 연구를 위해 2009년부터 실험용 수상 발전설비를 설치하여 기초자료를 수집하여 왔다.

대규모 다목적댐의 경우 댐 저수지 수면의 수위(水位) 상승과 하강 폭이 상당히 커서 일정한 위치에 태양광발전 설비를 안정되게 정박(碇泊) 시켜야 하는 어려움이 있다. 이런 면에서 시화호수의 내수면은 2~3m 범위 내에서 수위가 변동하고 있어 수상 태양광발전 설비의 설치와 관리에도 상당히 유리한 조건을 갖추고 있다. 지금 진행되고 있는 수상 태양광발전 연구개발 보고서 내용의 결과에 따라 결정되겠지만, 앞으로 이곳 시화호에는 세계 최대 규모의 조력발전소와 풍력발전, 태양광발전이 어우러진 청정에너지 개발의 메카가 될 것이다.

마침 갈무리

국내 최초로 준공된 시화호 조력발전소는 건설을 시작하게 된 동기도 특이 하였지만, 건설과정도 역시 만만하지 않았었다. 이 책은 지난 10년 간, 시화호 조력발전소 건설기간 동안의 전반적인 내용을 정리하였고, 이 분야에 관심이 있는 독자들에게 글을 전하고, 자료를 남길 필요성이 있다고 생각하여 쓰게 되었다. 이제 필자가 전하고자 싶은 내용 중에 몇 가지 민감한 부분을 제외하고는 모두 수록하였다. 요점이 되는 부분과 글쓴이의 생각을 끝으로 이 책의 내용을 갈무리 하고자 한다.

:: 요점 갈무리

- 전 세계 230여 개국의 나라 중 조력발전을 할 수 있는 나라는 10개국 정도뿐이다. 대한민국이 그 속에 포함되어 있으며, 우리나라에서도 서해안에서만 조력발전이 가능하다. 특히 이곳 시화호 조력발전소 인근해역이 우리나라에서 가장 조수간만의 차가 심한 지역이다. 이 지점에 시화방조제가 생기면서 시화호(수)가 인공적으로 조성되었다.

시화호 주변으로 안산 신도시, 반월공단, 시흥공단 등이 조성되었고 활성화 되면서, 반대급부로 시화호의 수질은 악화되었고 사회 문제화 되었다. 시화호 수질개선의 일환으로 조력발전소가 건설되게 되었고 시화호의 수질개선에도 크게 기여 하고 있으며, 무한한 청정 해양에너지를 개발하여 이용하게 되었다.

지난 삼십년간 이곳 시화지역에서 일어났던 일련의 변화 과정들을 정리해 보면, '시화호 조력발전소의 탄생은 아무리 생각해 보아도 결코 우연이 아닌 것 같다. 이곳에 국내 최초 세계 최대 규모의 조력발전소 탄생은 처음부터 필연 이었구나' 하는 생각을 해 보았다.

- 조력발전의 원조(元朝)는 프랑스의 '랑스(Rance)조력발전소'이다. 프랑스는 1950년대부터 조력발전소의 건설을 검토하였고, 1966년에 랑스 조력발전소를 준공하였다. 지난 45년간 조력발전소 운용상의 많은 기술도 축적해가며 지금까지 큰 문제점 없이 조력발전소를 운영하고 있다. 우리나라는 이제야 서해안의 조력발전 시대가 열리고 있다. 대체에너지 개발과 지구 온난화 억제를 위한 조력발전소의 건설은 현실적인 문제인 반면, 서해안의 간석지 보존은 미래 지향적인 이상을 추구하는 문제로서의 양면성(兩面性)을 가진다. 이 부분에 대해 많은 이들의 관심과 연구가 필요한 시기가 아닌가 생각한다.

- 밤하늘의 보름달이나 그믐달을 보면서, '시화호 조력발전소가 지

금쯤 조력발전을 많이 하고 있겠구나.' 하고 생각할 수 있는 독자
가 많았으면 좋겠다. 보름달과 그믐달 일 때 서해안에는 조수간만
의 차가 심하게 발생하고, 낙차(조차)가 크게 발생하여 발전기의
출력이 높아지는 것이다. 또 밤길을 걷다가 반달(상현달이나 하현
달 상관없이)이 보이면, 조력발전을 많이 하지는 못하겠지만, '서해
바다가 조용 하겠구나' 라고 생각하는 사람들이 많아진다면, 이
글을 쓴 필자로서는 정말 커다란 보람으로 느끼겠다.

- 바닷물이 밀물로 들어오고 썰물이 되어 바다로 나갔다가, 다시
  밀물이 시작되기 까지를 한 주기라 한다. 이 한 주기의 시간은 12
  시간 25분이다. 12월 25일 크리스마스와 숫자가 같다고 연상하면
  오래 동안 기억할 수 있을 것이다. 하루에 두 차례 조석현상이 발
  생하므로 이를 더하면 24시간 50분이다. 이것이 달(님)의 하루 시
  간이다. 달은 매일 50분씩 늦게 떠오르고, 이것이 누적되어 양력
  과 음력의 날짜차이로 나타난다. '시화호 조력발전소는 조석현상
  한 주기인 12시간 25분 중에 4.5시간 정도 발전을 한다. 하루에
  두 차례 발전하여 총 9시간 정도 발전을 한다.' 고 까지 알고 있다
  면 당신의 기억력은 정말 대단한 편이다.

- 1973년 원유 수입단가는 배럴당 3달러 수준이었고, 지금부터 10
  년 전인 2001년, 시화호 조력발전소 건설 여부를 진지하게 검토하
  였던 당시에는 수입 원유가가 30달러 수준이었다. 이 글을 정리하
  고 있는 2011년 상반기에는 배럴당 115달러를 상회하고 있다. 우

리가 사용하고 있는 석유의 전부가 외국에서 수입하는 것이다. 지구상에는 이제 더 이상의 새로운 유정(油井)은 발견되지 않고 있으며, 석유의 소비량이 생산량을 추월하고 있는 형편이다.

우리나라는 에너지 위기에 취약한 경제구조를 가지고 있다. 우리가 사용하고 있는 에너지의 97%를 외국에서 수입하고 있으며, 국내 부존(賦存) 에너지라고는 수력에너지와 깊숙이 매장된 약간의 석탄뿐이다. 그럼에도 불구하고 에너지 소비효율은 유럽 선진국과 일본의 절반밖에 되지 않는다. 우리가 에너지의 낭비를 줄이고, 개발 가능한 신재생에너지에 관심을 가져야 하는 이유가 이 때문이다.

- 시화호(수)는 1994년 깨끗한 인공호수로 탄생되었지만, 여러 가지 요인으로 시화호가 조성되고 3년도 채 지나지 않은 1997년에 시화호의 수질이 나빠져 사회 문제화 되었었다. 이제는 우리나라의 강과 하천의 수질에 대하여 관심을 가져야 한다. 우리들이 사용하는 물의 양은 지속적으로 늘어나고 있는 반면에, 매년 내리는 강수량은 비슷하다. 특별한 대책이 없는 한, 강과 하천의 수질을 획기적으로 개선할 방법이 없으니 이 부분에 대하여도 많은 연구와 관심이 필요하다.

- 시화호 조력발전소 건설 현장에서 우리나라의 젊은 일꾼들을 몇 사람 찾아보기가 힘들었다. 그 이유로는 첫째, 건설 현장의 모든

업무(業務)가 기계화되면서 노동 생산성은 높아진 반면 일자리가 많이 줄어들었기 때문이다. 둘째, 힘든 일은 기피하려는 우리 젊은 사람들의 마음가짐 때문이다. 그로인해 현장업무의 대부분은 외국 근로자들이 대신하고 있으며, 우리 근로자들은 고령화 되어 가고 있는 실정이다. 우리의 경험과 기술이 국내에 많이 전수되지 못하고 있는 부분에 대해서도 안타까운 마음이 들었다.

- 태양과 지구 그리고 달과의 관계는 약 50억년 전부터 지금까지 유지되고 있다. 지구는 스스로 자전하면서 태양의 둘레를 공전하고 있고, 달도 지구를 떠나지 않고 계속 지구를 맴돌고 있는 것이 얼마나 신비한가? 프랑스의 드골 대통령도 조력발전은 순전히 '달님의 선물'이라고 말했지만, 달이 지구를 떠나지 않고 지구를 맴돌며 밀물과 썰물을 매일 두 차례씩 만들어 내고 있다. 이러한 현상을 '뉴턴(Newton)의 만유인력'이라는 법칙으로 해석하고 있지만, 아직도 명쾌히 해석되지 않는 부분이 많이 있다고 한다. 이 부분의 해석은 이 세상을 창조하신 하느님의 몫이 아닌가? 하고 생각해 보았다.

:: 생각 갈무리

'많이 생각하면 해결책이 나와요, 골똘히 생각해 보세요' 영부인이셨던 고(故) 육영수 여사께서 하셨던 말씀이다. 필자는 학창시절 우

연히 그분을 가까이에서 뵌 적이 있었는데, 그 날 그 행사장에서 학
생들에게 전하는 이 짧은 한 마디가 내 인생의 좌우명이 되었다. 어
려운 문제에 부딪칠 때마다 골똘하게 생각하면 최선책이나, 아니면
차선책이라도 찾게 되었다. 골똘하게 생각하는 것이 사랑이라는 것
도 한참 뒤에서야 알게 되었다.

■ 사랑에 대한 사랑

사랑은 골똘한 생각이다. 〈사랑하다〉의 우리말 어원도 〈사량(思
量)하다 〉이다. 생각 사(思), 질량 량(量), 하다(많다)는 생각하는 량
이 많다는 뜻이다. 갑돌이가 갑순이를 많이 생각하는 것이 사랑한
것이고, 어머니가 군대 보낸 아들을 많이 생각하는 것도 사랑이다.
또, 사랑의 반대말은 〈미움〉이 아니다. 미움도 사랑의 일종이며, 미
움도 변질된 사랑의 표현인 것이다. 사랑의 반대말은 미움이 아니고
무시이다. 생각을 하지 않는 것, 관심을 꺼버리는 것, 즉 눈길도 주
지 않는 것이 무시(無視)이다. 속을 썩이는 사람을 무시해 버렸으면
좋겠지만, 무시할 수는 없고 이래저래 생각을 많이 하는 것이 미움
인 것이다. 필자의 물(수자원)과 조력발전에 대한 사랑을 이야기하
려고 사랑의 의미를 나름대로 정의해 보았다.

■ 물(수자원) 사랑

필자의 물 사랑은 30년이 넘었다. 1979년 K-water(한국수자원공

사)에 입사하여 물과 함께, 자연과 함께 30여년을 지내다 보니 자연
스럽게 물 사랑에 빠졌다. 우리의 후손들에게 물려줄 깨끗한 수자
원뿐만 아니라, 당장 우리 자녀에게 넘겨줄 물자원에 대해서도 걱정
할 수준이 되었다. 우리 주변의 대다수 물건이나 자원 등은 대체할
수 있는 것들이 있다. 하지만 물은 아니다. 물을 대신할 수 있는 것
은 오직 물밖에 없다. 물은 모든 생명체의 생존과 지속을 결정하는
근원으로 인류역사는 물과 함께 시작되었다고 해도 과언이 아니다.
그런데 대부분의 사람들은 물이 얼마나 소중한 자원인지 그 중요성
을 정말 제대로 깨닫지 못한 체 생활하고 있다.

오늘날 수자원을 확보하는 일은 세계 대부분 국가의 가장 중요
한 정책과제가 되었다. 특히 사하라 사막 주변의 몇몇 아프리카 국
가들은 국민들의 하루 일과 중 가장 중요한 것이 물을 구하는 것이
다. 티그리스강 유역의 터키와 시리아 등은 국가 간 물 분쟁이 날로
심화되면서 소위 '물 전쟁'이 우려되고 있다. 우리나라의 사정도 비
슷하여 최근 들어 일부지역 간 물 분쟁의 조짐이 나타나기 시작하
였다.

우리나라의 연간 강수량은 평균 1245 mm로 세계 평균 880 mm
의 1.4배나 되지만, 인구밀도가 높아 1인당 강수량은 세계평균의 8
분의1에 불과하다. 그리고 우리나라의 강우는 여름철 3개월 동안
대부분이 집중되어 내리고 이 중의 4분의3을 그냥 바다로 흘려 보
내고 있다. 우리나라가 세계 물 부족 국가 중의 하나로 분류되어

있다고 하면, 대부분의 사람들은 수긍하지 못한다. 2003년 국제인 구행동연구소(PAI)에서 발표한 자료에 의하면 우리나라는 인도, 남아프리카공화국 등과 함께 물 부족국가로 분류되어 있다. 또한 영국 생태환경 및 수문학센터(CEH)에서 발표한 우리나라의 물 빈곤지수(WPI)는 전체 147개국 중에서 43위 수준이며, 29개 OECD 국가 중 20위 수준으로 낮은 수자원 환경에 위치하고 있다.

그리고 우리는 물을 너무 쉽게 오염시키고 있다. 강과 하천에 아무런 생각 없이 무단으로 투기하는 오염원이 너무 많다. 물을 오염시키기는 쉬우나 깨끗하게 되돌리는 데는 막대한 비용과 시간이 소요된다. 수돗물 생산 원가의 절반 이상이 전력요금이다. 전기는 국산이지만 전기를 만드는 연료의 97%가 수입산이다. 약간의 불편을 감수하더라도 녹색생활을 실천하는 것은 이러한 불필요한 비용을 절감하는 것이고, 우리나라가 녹색성장으로 가는 지름길인 것이다.

우리가 불확실한 미래 기후변화에 대비하고, 충분한 물 자원을 확보한다 해도 물에 대한 우리 인식의 전환이 함께 수반되어야만 물(수자원)의 미래가 밝다. 아직까지 우리나라의 물 공급은 비교적 원활하지만, 앞으로의 물 전망은 그리 밝지는 못하다. 국민 개개인의 물 사랑 실천, 물을 아끼고 사랑할 수 있는 방법은 어려운 것이 아니라 번거로운 것일 뿐이다. 물(수자원)의 진정한 가치를 깨닫고 또 바로 느낄 수 있어야 한다.

■ 시조발 사랑

시조발이란, 시화호 조력발전소를 세 글자로 줄여본 것이다. 필자
와 시조발의 사랑(많은 생각)은 꽤 오래 되었다. 정부(환경부)에서
2000년 12월 시화호의 장기적인 수질개선을 위해 시화방조제에 새
로운 배수 수문을 만들어 바닷물을 유통시킬 것을 검토하고 있을
때, K-water(한국수자원공사)는 새로운 배수 수문의 설치와 함께
조력발전소의 건설도 병행하여 추진할 것을 제안하였고, 이 제안이
사업으로 추진될 수 있도록 사랑(많은 생각)을 하기 시작하였다.

필자는 그 당시 팀원들과 함께 조력발전소 건설을 위해 뜨거운
사랑을 시작하였다. 수력발전과 조력발전은 거의 유사하기 때문에
기술적으로는 크게 문제 될 것이 없었다. 다만 그 당시의 수입 원유
(原油) 가격대의 전기요금으로는 이 사업의 경제성을 맞출 수가 없
었다. 그리고 국내에서는 처음 시도해 보는 이 조력발전 사업의 불
확실성과 낮은 경제성으로 인해 반대하는 사람들이 K-water 내부
에도 많이 있었다.

하지만 10년 뒤쯤 조력발전소가 준공되어 발전기가 가동되는 시
점에서는 수입 원유가격이 상당히 오르게 될 것이라는 확신이 있었
다. 따라서 시화호 조력발전 사업은 전략적인 관점에서 세월이 흐를
수록 경제성은 개선될 것이므로, 지금이야 말로 조력발전소 건설의
가장 적기(適期)임을 강조하였었다.

이렇게하여 요지부동(搖之不動) 꼼짝도 하지 않던 시화호 조력발

전소 건설사업이 조금씩 움직이기 시작하였다. 한번 움직여 굴린 조력발전사업은 관성(慣性)의 힘으로 꼬박 10년이란 세월을 굴러왔고 이제 이 사업이 준공되었다. 하지만 시조발은 이제부터가 시작이라고 생각한다. 지금부터는 조력발전기의 운영관리 분야에 대하여도 사랑(많은 생각)을 해야 한다. 국내에서 최초로 건설된 조력발전소이기에 바닷가에서 발생할 수 있는 여러 가지 현상들을 예측하고 설계에 반영하였다. 하지만, 직접 현장에서 거센 바다의 풍랑과 부딪치다 보면 또 많은 문제점들이 발생하게 될 것이다. 이러한 점들을 해결하면서 우리 나름대로 경험을 쌓아가야 할 것이다. 골똘하게 생각하면 아무리 어려운 문제라도 다 해결해 나갈 수 있으리라 믿는다.

세계에서 다섯 번째의 조력발전소인 시화호 조력발전소(시조발)가 우리나라에서는 처음으로 그것도 세계 최대의 규모로 우리 모두의 단합된 힘으로 만들어졌다. 시조발의 건설을 위해 조사하고 설계하고 시공하고 지원을 아끼지 않으신 모든 분들에게 다시 한 번 감사드린다.

고맙습니다.

그리고 시조발의 탄생을 축하합니다.

시조발, 사랑한다! 완전 사랑한다.

■ 참고 문헌

- 지도를 바꾸고 역사를 만들며 / 안경모 지음, 현문사, 2002.

- 바다와 생태 이야기 / 제종길 지음, 도서출판 각, 2007.

- 다시 태양의 시대로 / 이필렬 지음, (주) 양문, 2004.

- 바다의 맥박 조석이야기 / 이상룡. 이 석 지음, 지성사, 2008.

- 지리 이야기 / 권동희 지음, 도서출판 한울, 1998.

- Korea tidal power study 1,2 / KORDI, 1986.

- Feasibility study on Garolim tidal power dev. / KEPCO, 1993.

■ 인터넷 웹 사이트

- 한국해양연구원 http://www.kordi.re.kr

- 국립지리정보원 http://www.ngi.go.kr

- 신재생에너지 센터 http://www.knrec.or.kr

- 한국 천문 연구원 http://www.kasi.re.kr

- 조선 왕조 실록 http://silok.history.go.kr